지 성 자 연 사 박 물 관 ⑤

동굴

우 경 식 〈강원대학교 지질학과 교수〉

동굴

지성자연사박물관 **5** 동굴

2002년 7월 10일 초판 1쇄 펴냄 / 2004년 10월 15일 초판 2쇄 펴냄

지 은 이	우경식
펴 낸 이	이원중
편 집	여미숙 · 박형록 · 임소영 · 조현경
마 케 팅	권장규
펴 낸 곳	지성사
출판등록일	1993년 12월 9일
등록번호	제10 – 916호
주 소	(121 – 854) 서울시 마포구 신수동 88-131호
전 화	(02) 716 – 4858
팩 스	(02) 716 – 4859
홈페이지	www.jisungsa.co.kr
이 메 일	jisungsa@hanmail.net

ISBN 89–7889–084–9(04450)
ISBN 89–7889–059–8(세트)

책값은 표지 뒷면에 있습니다.
ⓒ 2002, 우경식

"동굴" 이야기를 시작하면서

나는 대학에서 해양학을 공부했다. '바다의 사나이'로서 바다 속에서 무슨 일들이 벌어지고 있는지 궁금해하며 공부했던 기억이 난다. 대학을 졸업하고 유학을 가기 전에 지도교수님이셨던 박용안 교수님과 장래를 의논하던 중 선생님께서, "자네는 미국에 가서 석회암을 공부해 보는 게 어때? 국내에는 석회암을 공부하는 학자가 없어서, 자네가 이 분야를 공부하고 돌아오면 참으로 할 일이 많을 것 같은데……"라고 말씀하셨다. 우연인지 필연인지 미국에서 머물던 6년 동안 나는 석회암에 대해 여러 가지 공부를 하게 되었다. 공부를 마치고 한국에 돌아와 강원대학교 지질학과에서 강의를 시작할 때만 해도 나는 '석회암 내에 석유가 어떻게 저장되었는가? 어떻게 하면 석회암에 있는 석유를 찾을 수 있을까' 등 그저 학술적인 눈으로 석회암을 바라보던 젊은 학자였을 뿐이다.

하지만 곧 나에게 일생 일대의 중요한 계기가 찾아왔다. 지금은 정년퇴임을 하신 같은 과의 원종관 교수님께서 삼척시 대이리 일대의 동굴을 함께 조사하자고 권유하신 것이다. 당시만 해도 나에게 동굴이란 그저 막연하게 관광객들이 드나드는 신비한 세계

일 뿐이었다. 유학 시절 동안 미국에 있는 동굴 몇 군데를 가 본 적은 있지만 일반 관람객들과 마찬가지로 동굴이란 그저 특이한 자연의 일부라는 생각밖에는 하지 못했기 때문이다. 그리고 삼척의 환선굴과 부근의 관음굴 등 몇 개의 동굴을 조사하면서, 나는 교과서에서 배우던 석회암의 생성과 변화 외에 동굴이라는 특수한 환경 속에서 만들어지는 생성물들의 중요성을 새롭게 알게 되었고, 마침내 동굴이라는 지하세계에 대한 학문적 열정과 호기심이 생기기 시작했다.

함께 동굴조사에 참여했던 학생들도 동굴에 매료되어 동굴탐험에 관심을 갖게 되고, 이들을 중심으로 강원대학교 내에 동굴탐사 동아리가 태어났다. 학생들과 함께 동굴 속을 기고, 밧줄을 타고 오르내리면서 동굴이 학술적인 가치 외에도 무궁무진한 매력이 있다는 것을 깨달을 수 있었다. 그 후 해마다 겨울이면 학생들의 동굴탐사에 참여하고 개발되지 않은 자연동굴 속의 작은 자연을 감상할 뿐만 아니라 신비로운 동굴생성물의 자태에 많은 감동을 받기도 했다.

그러나 대부분의 동굴들이 호기심으로 들어온 사람들이 쓴 낙서와 버려진 쓰레기들 때문에 심한 몸살을 앓고 있었다. 또한 무참하게 훼손된 동굴생성물을 보면서 우리가 소중하게 보존해야 할 자연유산이 처참하게 파괴되고 있다는 사실에 절망감마저 느끼게 되었다. 나는 국내 동굴이 지금 이 지경에 이르게 된 것은 동굴보존에 대한 국민들의 인식이 기본적으로 부족하기 때문이라 생각한다. 따라서 독자들이 이 책을 읽으며 동굴에 대해 알고, 동굴 내에서 발견할 수 있는 다양한 동굴 생성물들이 어떤 의미를 지니고 있는지를 이해한다면 동굴을 아끼고 사랑하는 마음도 자연히 생기리라 믿는다.

2002년 6월

우 경 식

고마운 분들께

우선 이 책을 처음 내게 쓸 것을 제안하신 이원중 사장님과 출판을 위해 애써 준 지성사 식구들에게 감사드린다. 또 오늘의 내가 있기까지 평생을 희생하신 어머님과 고인이 되신 아버님, 잦은 출장 때문에 많은 시간을 함께 보내지는 못하지만 항상 나를 의지하고 따라주는 아내와 아이들에게 고마움을 느낀다. 그동안 함께 동굴을 탐사하다가 먼저 세상을 떠난 강원대학교 동굴연구회 고(故) 김종필, 한구현, 권기석 회원의 명복을 빌고, 한국동굴연구소를 창설하여 내게 큰 힘이 되고 있는 최돈원, 김련 군, 김진경, 윤혜선 양에게 고마움을 전하고 싶다. 그 외에도 나와 함께 동굴을 탐사하며 많은 이야기를 나누었던 강원대학교 동굴연구회와 동굴탐험학교, 그리고 한국동굴환경학회 여러분께 감사드린다. 마지막으로 내게 항상 많은 격려를 주시는 서울대학교 박용안 교수님, 강원대학교 원종관 교수님, 상지대학교 이광춘 교수님, 한국동굴생물연구소 최용근 소장님, 그리고 제주도 동굴연구소 손인석 박사님께 진심으로 감사한다.

1부 동굴이란?

동굴이란?

'동굴' 하면 사람들은 보통 어떤 생각이 먼저 떠오를까? 신비롭지만 어둡고 무서우며, 위험한 지하의 세계라고 생각하지는 않을까?

동굴은 인간에 의해서가 아닌, 자연적으로 형성된 지하의 공동(空洞)이라 정의할 수 있다. 따라서 도로를 만들기 위해 건설된 터널이나 과거에 석탄을 캐기 위해 마련된 지하의 갱 등은 동굴에 속하지 않는다. 오랜 세월 사람들의 호기심을 불러일으켰던 동굴은 오늘날에 이르러 관광지로 개발되면서 그 신비의 베일이 벗겨지고 있다. 물론 일반인들에게는 단순히 아름답거나 신비로운 자연경관의 하나일 수도 있지만, 동굴탐험가나 과학자들에게 자연동굴은 경이로운 자연의 산물 이상의 무한한 학술적 가치를 지닌 장소로 여겨진다.

동굴 안에는 빛이 전혀 들지 않기 때문에 조명기구가 없다면 그저 완전한 암흑만이 존재할 뿐이다. 그래서 옛날에 수도승이나 구도자들이 명상을 하기 위해 이곳을 찾았는지도 모른다. 그런데, 동굴을 탐사하기 위해 안으로 들어가 빛을 비추면 지금까지 보지 못했던 경이롭고 환상적인 세계가 눈앞에 펼쳐진다.

○ **이탈리아 석회동굴의 곡석**(사진 파올로 포르티)

동굴탐험 어둠을 뚫는 유일한 빛 - 랜턴

국내의 동굴탐사가들은 플래시를 랜턴(lantern)이라고 부르며, 어두컴컴한 동굴을 탐사하기 위해서는 랜턴이 반드시 필요하다. 동굴탐사를 할 때는 반드시 헬멧을 쓰는데, 이 때 손발을 자유롭게 사용하기 위해 헬멧에 랜턴을 부착한다. 이것을 헤드랜턴(head lantern)이라고 한다.

동굴 속에는 오랜 세월 동굴 속에서 자라 온 동굴생성물들이 기기묘묘한 형태를 자랑하고 있다. 또 때로는 한 사람이 지나가기도 어려운 작은 구멍을 기어서 통과하면 축구장보다 더 큰 광장이 나타나기도 한다. 어떤 동굴에는 빠른 속도로 하천이 흐르기도 하고, 수십 미터의 폭포가 아래로 쏟아지고 있으니, 동굴을 직접 체험해 보지 않은 사람들은 상상도 할 수 없다. 동굴 속의 아름다운 경관을 보고 있노라면, '천국의 경치가 아름답다면 아마 이와 같으리라'는 감탄사가 절로 나오게 된다.

말레이시아의 그레이트동굴

동굴의 종류

동굴은 형성과정과 동굴을 포함하고 있는 주변의 암석에 따라 석회동굴, 용암동굴, 해식동굴, 사암동굴, 석고동굴, 암염동굴, 얼음동굴, 그리고 기타 동굴로 구분한다.

석회동굴이나 석고동굴, 암염동굴은 모두 퇴적작용으로 만들어진 퇴적암 내에 발달하는 동굴들이다. 석회동굴은 석회암 지대에, 석고동굴은 석고로 이루어진 암석 내에, 그리고 암염동굴은 암염(지질학에서는 소금을 암염이라 한다)으로 된 암석 내부에 지하수가 침투하여 암석을 녹이면서 형성된다. 이 가운데 석회암은 우리 나라는 물론 전 세계에 분포하고 있는데, 주로 따뜻한 얕은 바다에 쌓였던 퇴적물이 암석으로 변한 것이다. 나중에 지각운동 등으로 솟아올라 때로는 산악지대와 같은 높은 곳에서 발견되기도 한다.

용암동굴은 화산암으로 이루어진 지역에 발달하는데, 지하에 있던 마그마가 화산활동과 함께 지표로 분출하여 용암으로 흘러내리면서 형성된다.

해식동굴은 해안선을 따라 위치한 절벽이 오랜 세월 파도에 깎이면서 형성된다. 따라서 암석의 종류와 상관 없이 해안에서 파도의 영향을 받는 곳이면 어디서든지 만들어질 수 있다.

사암동굴을 형성하는 사암은 강이나 바다에 퇴적된 모래 알갱이가 지하에 깊이 묻히면서 암석으로 변한 것이다. 나중에 지각운동으로 지구 표면에 노출된 후, 지하수에 녹거나 또는 하천이나 바람에 깎이면서 동굴이 만들어진다.

석회동굴인 삼척의 관음굴

용암동굴인 하와이의 서브웨이동굴 (사진 데이브 버넬)

해식동굴인 제주도 우도의 동안경굴

　얼음동굴은 주로 위도가 높은 추운 지방이나, 고도가 매우 높아서 일 년 내내 온도가 낮게 유지되는 곳에서만 형성된다. 보통 빙하처럼 대규모로 발달한 얼음 속에서 형성되는 동굴을 얼음동굴이라 부르지만, 다른 동굴 속에 얼음이 얼면서 여러 형태의 동굴생성물을 형성하는 경우에도 얼음동굴이라 부르고 있다.

　이 밖에도 암석의 종류에 상관 없이 암석의 약한 틈을 따라 깎이면서 만들어지는 절리동굴이 있다. 그리고 지하수나 빗물에 잘 녹지 않는 암석이라도, 그 암석의 밑에 지하수에 녹을 수 있는 암석이 있으면 지하를 흐르는 하천에 깎여서 동굴이 만들어지기도 한다. 이런 경우에는 동굴을 형성하는 암석이나 광물의 이름을 따서 셰일동굴, 규암동굴, 운모동굴 등의 이름을 붙이기도 한다.

그런데 실제로 자연에서 발생하는 여러 지질학적 작용으로 만들어지는 다양한 동굴들을 단순히 몇 종류로만 분류하는 것은 매우 어려운 일이다.

남극의 얼음동굴
(사진 앤디 스페이트)

동굴의 환경

햇빛이 비추고 있는 지상에서 생물에게 필요한 에너지를 공급하는 존재는 식물이다. 그러나 동굴 내부는 전혀 빛이 들지 않기 때문에 광합성을 하는 식물이 살 수가 없으며, 따라서 동굴에는 동굴 밖과 전혀 다른 특이한 생물들이 살게 되었다.

또 동굴은 일 년 내내 일정한 온도를 유지한다. 그러나 동굴의 종류에 상관 없이 동굴이 위치한 위도와 고도, 그리고 동굴 주변의 기후에 따라 각 동굴의 기온이 서로 다르게 나타난다. 즉 열대지방에 있는 동굴은 일 년 내내 바깥의 온도와 비슷한 섭씨 30도 이상의 높은 온도를 유지하지만 극지방에 있는 동굴은 항상 영하의 낮은 온도를 유지한다. 우리 나라와 같은 온대지방에서는 지역에 따라 조금씩 차이가 있지만 대부분 섭씨 10~15도를 유지한다. 그리고 동굴 안에서 흐르는 동굴류(洞窟流)나 동굴에 있는 호수의 수온은 대부분 동굴 안의 온도와 비슷하다. 하지만 동굴 밖을 흐르던 하천이 동굴 안으로 들어왔다가 다시 밖으로 나가는 경우 동굴 안의 온도는 외부 기온의 영향을 많이 받게 된다.

그리고 동굴에 들어가면 산소가 없어져서 호흡하기가 곤란하지 않을까 걱정할 수도 있다. 그러나 국내의 많은 동굴을 탐사하면서 아직 호흡이 곤란할 정도로 산소가 부족한 동굴은 경험하지 못하였다. 보통 동굴 내부의 공기는 바깥의 공기와 비슷한데, 만약 외부와 공기 소통이 원활하지 않고 동굴 내부에 쉽게 썩을 수 있는 유기물질이 많이 있으면 동굴 안의 산소가 부족해질 수도 있다.

한편, 지하수가 동굴을 따라 흐를 경우 한 지점에서 물이 오염되면 빠른 속도로 주변을 오염시킬 위험이 높다. 석회동굴이 넓게 발달한 지역에서는 동굴이 발달한 규모와 길이에 따라 지하수가 순식간에 오염되므로 이러한 지역에서는 지하수 오염이 매우 심각한 사회문제가 되기도 한다. 우리 나라의 석회동굴들은 대부분 공장이 별로 없는 높은 산악지대에 있기 때문에 아직 수질 오염의 문제가 그리 심각하지는 않다.

동굴탐험 동굴과 지하수 오염

최근 외국에서는 석회동굴이 많이 형성되는 카르스트 지형과 관련된 지하수 오염이 심각한 사회문제로 떠오르고 있다. 중국이나 미국 등 지하수와 동굴이 밀접한 관련이 있는 곳에서는 지하수 오염의 문제가 심각하게 대두되어 이에 관한 연구와 대책 마련에 고심하고 있다.

한편 미국 켄터키 주의 호스슈(Horseshoe) 시(市)는 도시 전 지역의 지하에 발달한 호스슈동굴이 과거에 농약과 생활하수 등 여러 가지 원인으로 지하수가 오염되어 문제가 된 적이 있었다. 하지만 지금은 모든 지하수의 오염원을 없애고 동굴 속에 깨끗한 지하수를 복원하였다. 필자도 이 동굴을 방문한 적이 있는데 동굴 속을 흐르는 지하수 속에는 깨끗한 물에서만 살 수 있는 동굴물고기가 살 정도로 수질관리를 잘하고 있었다. 그리고 미국 동굴보존협회는 동굴박물관을 설립하여 동굴을 관리하고 있다.

미국 호스슈동굴의 입구

동굴의 형성과 특징

석회동굴

(1) 석회암

석회암은 지구의 표면을 구성하는 세 종류의 암석, 즉 화성암과 변성암, 퇴적암 가운데 퇴적암에 해당한다. 퇴적암은 강이나 호수, 바다와 같은 곳에서 쌓인 퇴적물이 지하로 묻히면서, 압력과 다양한 화학성분을 가진 물의 영향을 받아 암석으로 굳은 것을 말한다.

동남아시아나 카리브해 연안, 괌 등 열대 또는 아열대지방의 맑고 따뜻한 바다에는 산호와 그 외의 많은 생물들이 산호초를 이루며 살고 있다. 이들 생물이 죽어서 바다 밑에 쌓이게 되면 뼈나 껍데기 등 딱딱한 부분을 이루던 탄산칼슘 성분만 남아 탄산염퇴적물이라는 것이 만들어진다. 다시 말해, 석회암은 이 탄산염퇴적

동굴탐험 암석의 기본 단위-광물

광물은 지구상에 존재하는 모든 암석의 기본 단위로, 자연상태에 존재하는 무기물로서 화학성분이 일정하거나 일정한 범위 내에서 변화하며 내부 구조가 일정한 고체를 말한다. 예를 들면, 소금은 광물이지만 설탕은 광물이라고 하지 않는다. 소금은 염화나트륨($NaCl$) 성분으로 되어 있고, 항상 정육면체이다. 시장에서 파는 굵은 소금과 가는 소금의 차이는 이 정육면체의 크기가 다를 뿐이다. 하지만 설탕은 유기물로 이루어져 있으며 그 모양도 각양각색이다.

물이 암석으로 변한 방해석이라는 광물로 이루어져 있는 것이다.
세계 여러 나라에 분포하는 대부분의 석회암은 오랜 세월에 걸쳐
바다에 살던 생물들이 죽어서 만들어졌기 때문에 석회암 내에는
다양한 생물의 화석이 많이 나타난다.

탄산염퇴적물이 쌓이는 바하마의 산호초 (사진 로버트 긴스버그)

우리 나라에도 여러 지역에서 석회암이 발견되는데, 특히 강원
도의 영월, 평창, 정선, 태백, 삼척, 강릉 지역과, 충청북도의 단
양, 경상북도의 문경 일대에 넓게 분포하고 있다. 또 넓지는 않지

만 경북의 울진과 평해, 전라북도의 익산, 전라남도의 화순, 경기도의 휴전선 근처 좁은 지역에도 석회암이 분포하는데, 이는 이들 지역에 석회동굴이 발달할 가능성이 있다는 것을 말해 준다. 북한에서는 주로 평안남도와 평안북도에 석회암이 분포한다. 북한의 석회암 지대는 남한보다 더 넓기 때문에 남한보다 더 많은 석회동굴이 존재하리라 생각된다.

석회암은 극지방이나 높은 산악지대에서도 발견된다. 과거 따뜻하고 얕은 바다에서만 형성되었다는 석회암이 이런 곳에서 발견되는 이유가 뭘까. 그 이유는 지구의 표면이 끊임없이 움직이고 있다는 '판구조론'에서 찾아 볼 수 있다.

판구조론은, 지구의 표면이 딱딱한 판으로 이루어져 있으며 각 판이 이동하다가 서로 부딪혀서 지구의 깊은 내부로 들어가거나, 또는 내부에서 올라오는 뜨거운 물질 때문에 표면이 점점 벌어진다는 내용이다. 이것은 석회암이 지금은 고위도 지역에 분포하고 있지만 과거에는 얼마든지 저위도 지역에서 형성될 수 있었으며, 형성된 후 지금까지 계속해서 움직이는 대륙을 따라 고위도 지역으로 이동하였다는 것을 의미한다. 산악지대에 분포하는 석회암도 판구조론으로 설명이 가능하다. 두 판이 만나는 부분이 충돌을 일으켜 그 지역이 솟아오르면, 바다에서 퇴적된 지층들이 육지 위 가장 높은 곳으로 올라올 수 있다. 히말라야 산맥의 가장 높은 곳에서 먼 옛날 얕은 바다에 살던 생물의 화석이 발견되는 것도 바로 이러한 까닭에서다.

우리 나라에서 발견되는 석회암 역시 지금으로부터 약 4~5억 년 전인 고생대 캄브리아기에서 오르도비스기 동안에 퇴적된 것인데, 이 지역이 고생대 초기에는 위도가 낮아 따뜻하고 얕은 바다였다는 것을 알게 해 준다.

삼엽충이 들어 있는 고생대
석회암의 현미경 사진
(사진 김진경)

· 카르스트 지형

석회암은 빗물이나 지하수에 쉽게 녹기 때문에 석회암이 넓게 분포된 지역에서는 독특한 형태의 지형을 쉽게 볼 수 있는데, 이를 '카르스트(karst) 지형' 이라고 한다. 카르스트 지형은 석회암뿐만 아니라 물에 잘 녹는 석고나 암염으로 이루어진 지역에서도 발견된다.

카르스트 지형이 발달하기 위해서는 암석의 조직이 치밀하고 틈이 많아서 지하수가 쉽게 침투할 수 있어야 한다. 또 하천이 흐르는 깊은 계곡이 존재하여 암석의 틈을 따라 지하수가 쉽게 지표면으로 나올 수 있어야 한다. 따라서 비가 적게 오는 건조한 지역에서는 카르스트 지형이 발달하기 어렵다.

카르스트 지형의 대표적인 형태는, 빗물이나 지표를 흐르는 물에 암석이 녹아서 형성되는 돌리네와 우발라, 폴리에, 탑카르스트, 콕핏, 협곡 등이 있다. 또 지표를 흐르는 물에 녹아 독특한 모습을 보이는 카렌도 전형적인 카르스트 지형의 한 형태이다.

돌리네(doline)는 지하에 동굴이 형성되어 지표를 흐르던 물이 지하로 빠져나가면서 마치 커다란 웅덩이와 같은 형태의 지형이 형성된 것이다. 돌리네의 가운데에는 주로 물이 잘 빠지는 구멍이 있다. 위에서 보면 대체로 원형 또는 타원형이고, 접시처럼 오목하게 생겨서 깊이가 아주 얕은 것은 구별하기 어려울 수도 있다. 또, 지하에 동굴이 있을 때 동굴 내의 암석이 무너지면서 돌리네가 만들어질 수도 있다.

돌리네의 성장이 계속되면 인접한 것들끼리 합쳐져서 우발라(uvala)를 형성한다. 수많은 돌리네가 합쳐져서 만들어진 거대한 우발라는 모양이 불규칙하고 내부 구조도 복잡하다.

일본 아키요시다이 (秋吉台) **지역의 돌리네** (사진 구라모토)

한편, 석회암 밑에 다른 종류의 암석이 넓게 분포하고 있어서 땅 밑을 흐르던 지하수가 다른 암석을 녹이지 못하고 옆으로 흘러나오면서 넓고 편평한 지형이 형성되는 것을 폴리에(polje)라고 하며, 그 길이는 수십 킬로미터에 이르기도 한다.

탑카르스트(tower karst)는 빗물이나 땅 위를 흐르는 물에 석회암이 녹으면서 뾰족한 탑 모양으로 언덕이 형성된 것을 말한다.

콕핏(cockpit)은 열대지방과 같은 곳의 석회암 지대에 많은 양의 비가 지속적으로 내리고 하천이 되어 흐르면서 낮은 언덕처럼 만들어진 것이다.

암석 내에 존재하는 틈(절리나 층리)은 매우 약하기 때문에 이 부분을 따라 하천이 발달하는 경우가 많다. 협곡은 이러한 틈을 따라 흐르는 물이 암석을 깎으면서 깊은 계곡이 만들어진 것이다.

카렌(karren)은 석회암의 표면이 토양에 의해 녹거나 물이 타고 흘러내린 흔적이 암석 표면에 남은 것이다.

캐나다의 폴리에(사진 데렉 포드)

인도네시아의 콕핏(사진 토니 윌섬)

그리스 석회암 지대의 협곡(사진 토니 윌섬)

물이 흐른 자국이 깊게 팬 카렌

동굴탐험 암석의 틈-절리와 층리

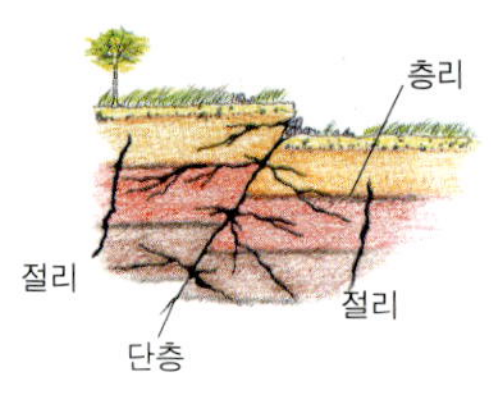

암석은 형성과정에서, 또는 형성된 후에 자연적인 힘을 받아 틈이 생기게 된다. 암석이 지각운동과 같은 변화가 일어날 때 힘을 받아서 금이 가는 것을 절리(節理)라 하고, 이 때 금이 간 면을 절리면이라 한다. 절리면을 따라 양쪽의 암석이 움직일 경우, 이를 단층이라 부른다. 또한 퇴적층이 형성될 때 편평하게 쌓인 층과 층 사이에 수평으로 생긴 틈을 층리(層理)라 하고, 틈 사이의 면을 층리면이라고 한다.

석회암은 전 세계의 여러 지역에서 광범위하게 분포하지만 카르스트 지형으로 유명한 곳은 그리 많지 않다. 세계적으로 유명한 곳은 프랑스 남부의 코스, 스페인의 안달루시아, 유카탄 반도 북부, 자메이카, 푸에르토리코 북부, 쿠바 서부, 뉴기니 중부, 호주의 뉴사우스웨일스, 미국의 켄터키, 펜실베이니아, 메릴랜드, 버지니아, 테네시 주(州), 중국의 화남, 태국과 미얀마의 일부 지역, 일본의 아키요시다이[秋吉台] 등이다. 우리 나라에서는 황해도의 서흥, 신막, 대평, 평남의 덕천, 성천, 강원도의 삼척, 평창, 영월, 충북의 단양 등지에서 발견된다.

일본의 아키요시다이는 전형적인 돌리네와 카렌으로 유명하다. 우리 나라에도 정선 민둥산 부근의 발구덕, 평창의 고마루와 돈너미, 정선과 강릉 경계에 있는 백봉령에는 돌리네가 잘 발달해 있다. 중국 구이린[桂林]과 쿤밍[昆明]의 석림(石林)은 탑카르스트가 잘 발달한 지역이며, 베트남의 할롱 만(灣)은 탑카르스트가 바다에 잠겨서 장관을 이룬다. 단양의 노은재는 카렌이 잘 발달한 곳으로 유명하다.

중국 쿤밍의 탑카르스트(사진 토니 윌섬)

베트남 할롱 만의 탑카르스트

(2) 석회동굴의 형성

석회동굴은 석회암 속에 만들어지는 동굴이다. 석회암은 탄산칼슘 성분의 방해석이라는 광물로 이루어져 있으며, 이 방해석은 산성을 띠는 물에 쉽게 녹는 성질이 있다. 따라서 석회동굴은 약한 산성을 띤 빗물과 지하수에 잘 녹는 화학적 특성 때문에 만들어진다고 할 수 있다.

석회동굴이 형성되는 과정을 보면, 우선 하늘에서 내리는 비(H_2O)가 공기중에 포함된 이산화탄소(CO_2)와 반응하여 탄산(H_2CO_3)이 되고, 석회암의 표면에 떨어지면서 석회암을 조금씩 녹이게 된다. 그런데 석회암을 녹일 수 있는 산성의 물은 공기중에서만 만들어지는 것이 아니라 식물이 자라는 토양에서도 형성된다. 즉 식물이 죽어서 쌓이고 썩으면 유기산이 발생하는데, 이 때 지표에 떨어지는 빗물과 지하수가 땅 속을 지나면서 산성을 띠게 되는 것이다.

석회동굴의 형성에 중요한 영향을 미치는 것으로 '지하수면(地下水面)'을 빼놓을 수 없다. 지하에 있는 모든 암석의 작은 틈 사이는 모두 물로 채워져 있는데, 이 지하수의 맨 윗면이 바로 지하수면이다. 우리가 시골의 우물에 가 보면 항상 우물 속에 물이 고여 있는 것을 볼 수 있는데 이 물의 표면이 바로 지하수면이며, 우물 아래의 모든 암석의 틈은 물로 채워져 있다는 애기가 된다. 비가 많이 내리면 우물의 물이 올라가고, 가뭄이 들면 우물의 물이 내려가는 것처럼 지하수면도 하늘에서 내리는 비의 양에 따라 올라가거나 내려간다.

지하수면 근처의 지하수는 지표에서 지하로 흘러내리는 물과 지하를 가로질러 흐르는 물이 섞여서 물의 산도가 더해지기 때문에 지하수면 근처에서는 석회암이 더 잘 녹아 동굴이 쉽게 형성될 수 있다. 그런데 석회암의 성분과 물의 특성에 따라 일부 지역에서는 지하수면 아래의 석회암이 녹아서 동굴이 만들어지기도 한다.

산성을 띤 지하수가 지표에서 암석의 약한 부분을 따라 흘러내리면서 동굴을 만들 때, 주로 절리나 층리와 같이 암석 내에 발달한 틈의 방향과 동굴이 지하수면으로부터 형성된 위치에 따라 동굴의 형태가 다양해진다.

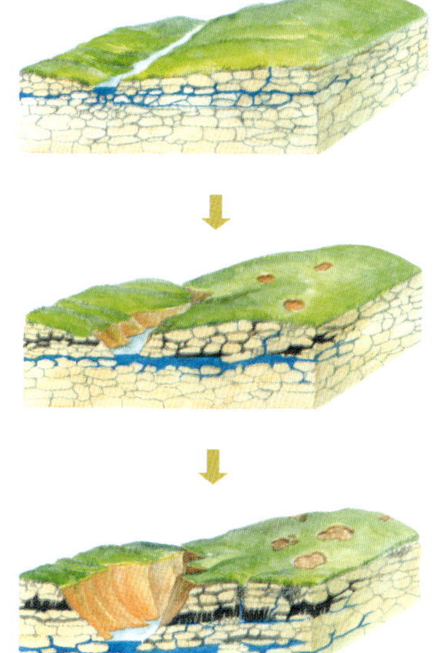

· 석회동굴의 형성과정

지표에서 스며드는 빗물과 지하를 흐르는 지하수가 만나면서 지하수면 근처에 동굴이 만들어지기 시작한다.

석회암이 계속 녹으면서 동굴이 확장되고 동굴생성물이 만들어진다.

동굴 주위의 계곡이 깊어지면서 지하수면이 낮아지면, 지하수는 암석의 약한 부분을 따라 흐르게 되므로 여러 층의 복잡한 동굴이 형성된다.

보통 지하수면 근처에서 동굴이 잘 형성되기 때문에 오랜 시간이 지나 계곡이 깊어지면 지하수면도 따라서 낮아지게 된다. 지하수면이 낮아지면서 한 동굴은 여러 층으로 발달하고 과거에 지하수면 근처에서 만들어진 동굴은 지하수면의 위에 남아 있게 된다. 하지만 지하수면과 함께 동굴이 계속 만들어지지 않고 시간 간격이 생기면, 서로 연결되지 않은 여러 동굴이 한 지역에 나타날 수도 있다. 이 경우 위쪽에 있는 동굴일수록 더 오래 전에 만들어진 것이다.

지하수면이 동굴보다 아래로 내려가면 동굴 내부의 환경에도 영향을 미친다. 즉 동굴이 지하수면 근처에 있을 때는 동굴 속으로 많은 물이 흐르지만, 지하수면이 낮아지면 동굴 속을 흐르던 물이 아래에 있는 동굴로 빠져나가기 때문에 위에 있는 동굴에는 물이 줄어들고 결국 아주 적은 양의 물이 천장에서 떨어질 뿐 전체적으로 동굴 속의 물은 마르게 된다. 이처럼 동굴이 여러 층으로 발달하면 아래층에 있는 수로에서만 동굴류가 흐르는 경우가 많은데, 이는 우리 나라와 같이 산 위에 동굴이 발달하는 곳에서는 흔히 볼 수 있는 전형적인 현상이다.

동굴 내에 동굴류가 흐르거나 물이 많아서 여러 동굴생성물이 활발히 생성되는 굴을 활굴(活窟)이라 하고, 물이 말라 가는 동굴을 사굴(死窟)이라고 구분한다. 외국에서는 동굴 속에 흐르는 물의 양에 따라 고에너지, 중에너지, 저에너지 동굴로 구분하기도 한다.

(3) 석회동굴의 형태와 작은 지형들

· 석회동굴의 형태

지하수가 석회암을 녹여 동굴을 형성하는 과정에서 어떻게 작용했느냐에 따라 동굴의 형태가 다양하게 나타난다. 여기에는 암석을 녹이며 깎아 내리는 용식작용과, 지하수가 하천이 되어 흐르면서 동굴의 바닥이나 벽면을 깎는 침식작용, 동굴이 확장되면서 동굴의 천장에 있던 암석들이 약한 부분을 따라 떨어지는 붕락작용 등이 함께 일어난다. 그리고 동굴이 형성된 후에도 동굴 바닥을 흐르는 하천에 실려온 퇴적물이 쌓이는 퇴적작용과, 여러 광물이 화학적으로 반응하여 동굴 속에 여러 형태의 복잡한 지형을 만드는 침전작용도 일어난다. 우리 나라의 석회동굴들은 대부분 용식작용을 통해 내부가 형성되고, 동굴 내 하천의 침식과 붕락작용으로 확장된 형태를 보여주고 있다.

이러한 과정을 거쳐 만들어지는 동굴의 형태는 크게 두 가지로 구분할 수 있는데, 지하수가 암석 내에 채워진 상태로 석회암을 녹여서 만들어진 것을 '포화대형 통로' 라고 하며, 이 통로를 흐르던 지하수가 동굴 내에서 하천이 되어 흐르면서 동굴이 확장된 것을 '통기대형 통로' 라고 부른다.

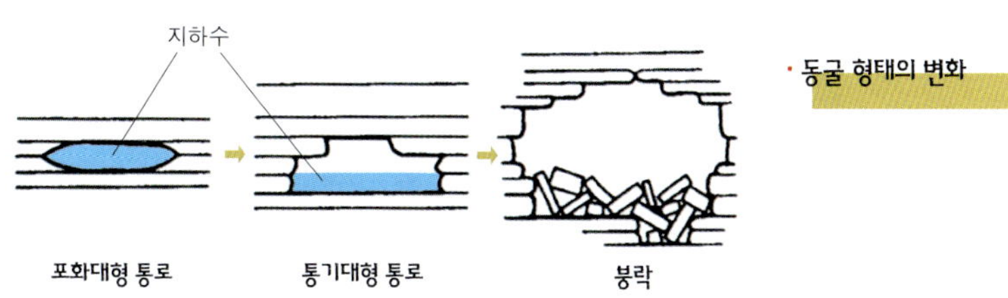

· 동굴 내의 작은 지형들

석회동굴의 내부에는 형성과정에서 여러 작은 지형들이 발달하게 되는데, 이를 흔히 '미지형'이라 부른다. 보통 '지형'이라 하면 넓은 곳에서 나타나는 암석의 형태를 말하지만, 미지형은 주로 동굴의 벽면이나 천장에 나타나는 암석의 미세한 형태를 가리킨다.

이 미지형을 자세히 관찰하면 과거에 지하수가 어떤 방향으로 흐르면서 동굴이 커졌는지를 알 수 있다. 한 예로 석회동굴의 천장과 바닥에는 '스캘럽(scallop)'이라는 구조가 많이 나타난다. 스캘럽은 원래 바다에서 사는 가리비조개를 뜻하지만 동굴의 벽면이 팬 모양이 가리비조개의 안쪽과 닮아서 이런 이름이 붙은 것으로 생각된다. 스캘럽의 크기는 매우 다양하며, 내부는 항상 한쪽은 가파르고 다른 한쪽은 완만한 경사를 보인다. 이는 과거에 지하수가 항상 가파른 쪽에서 완만한 쪽으로 흘렀다는 것을 알 수 있다.

일본 석회동굴의 천장에 나타나는 스캘럽

　또한 동굴 벽면이나 천장에 나타나는 여러 미지형은 지하수에 의해 동굴이 확장되면서 용식작용과 침식작용 중에서 어떤 작용이 더 우세했는지, 아니면 어느 한 가지 작용만이 일어났는지 등을 알게 한다. 동굴 내에 하천이 흐르고 있을 때는 과거 하천의 수면이 내려가면서 벽면에 남긴 여러 흔적들을 볼 수 있다. 또 지하수면이 내려가면서 동굴이 여러 층을 이루게 되면, 암석의 약한 면을 따라 지하수가 흘러내리면서 폭포가 생기기도 한다.

삼척 관음굴 속을 흐르는 하천에 깎여 만들어진 '테라스(terrace)'

삼척 관음굴의 제3폭포

　　석회동굴의 내부에서 가장 많이 관찰되는 미지형으로는 '용식공'이 있다. 용식공은 절리면이나 층리면과 관계 없이 암석이 부분적으로 녹으면서 마치 종을 엎어놓은 것처럼 파여 있다. 그리고 벽면에 울퉁불퉁하게 물이 흐르거나 석회암이 녹은 흔적이 여러 개 한꺼번에 나타나는 것을 '스펀지웍(spongework)'이라 한다.

스위스 석회동굴 천장에 지하수가 암석을 녹이고 깎으면서 남긴 자국

미국 다이아몬드동굴의 천장이 수증기에 녹은 자국

보르네오 석회동굴 천장에 발달한
용식공 (사진 데이브 버넬)

용암동굴

(1) 화산활동과 용암동굴

뉴스나 신문을 보면 지금도 세계 곳곳에서 화산이 폭발하고 있다는 소식을 접할 수 있다. 화산폭발은 지질학적으로 매우 독특한 자연현상의 하나지만, 우리 주변에서 일어날 가능성이 많고 그 피해도 크기 때문에 많은 영화의 소재가 되기도 했다.

그렇다면 화산은 언제 어디서 폭발하고, 우리 나라에서도 화산이 폭발한 적이 있을까. 지질학적으로 보면 화산은 아무 곳에서나 우연히 폭발하는 것이 아니라 일부 특수한 지역에서 필연적으로 폭발하는 것이다. 세계지도를 보면 태평양을 둘러싼 지역에서 주로 화산이 폭발하기 때문에, 흔히 태평양 주변 지역은 '불의 고리(Ring of fire)' 라고 불린다. 이 지역 외에도 하와이 같은 섬이나 태평양의 깊은 바다, 또 대서양 등지에서도 지난 수천만 년 동안 계속해서 화산폭발이 있었다는 것은 이미 잘 알려진 사실이다.

화산폭발은 지구 내부에서 생긴 마그마가 지구의 표면으로 올라오면서 나타나는 현상이다. 화산이 폭발하여 용암이 화산 주위를 흘러내리는 곳에서 동굴이 형성되는데, 이렇게 만들어지는 동굴을 용암동굴이라고 한다. 물론 용암이 흐르는 곳이라도 모두 용암동굴이 생기지는 않는다. 이는 화산이 폭발한 후에 흘러내리는 용암의 성분이나 땅 밑의 마그마가 만들어지는 근원물질에 따라 달라질 수 있기 때문이다.

지하에서 솟아오르는 마그마나 화산폭발 후에 지표를 흘러내리는 용암은 주로 규산이라고 하는 화합물을 많이 포함하고 있다.

이러한 규산의 함량에 따라 용암의 끈끈한 정도(점도)가 달라지
며, 규산이 많을수록 용암은 끈끈해진다. 용암동굴은 화산이 폭발
하여 용암이 아래로 흘러내릴 때 바깥의 낮은 온도 때문에 용암의
표면이 갑자기 식어서 굳고, 굳지 않은 내부의 용암이 계속 밖으
로 빠져 나오면서 속이 빈 동굴이 만들어진다. 따라서 대부분의
용암동굴은 화산암 중에서도 규산의 양이 적어 용암이 쉽게 흘러
내릴 수 있는 현무암 지대에서만 만들어진다.

· 용암동굴의 형성과정

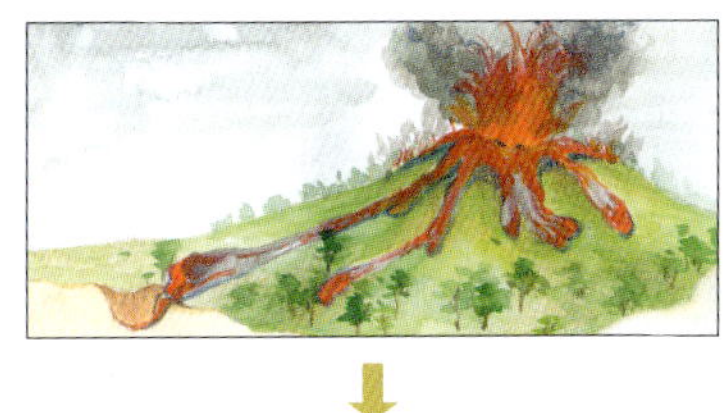

화산이 폭발하면 용암이 화산 주위로
흘러내린다.

용암이 흘러내리면서 표면이 급속히 굳고
내부의 용암은 계속 빠져나와 흐른다.

내부의 용암이 빠져나가면 용암동굴이
만들어진다.

화산이 폭발하여 용암이 흘러내리면서
용암동굴이 만들어지는 모습

우리 나라의 제주도는 과거 큰 화산활동으로 인해 만들어진 섬으로, 백여 개가 넘는 용암동굴이 분포하고 있다. 제주도에서는 수십만 년 전까지 화산폭발이 계속되었고 많은 용암이 섬 전체로 흘러내렸다. 제주도에는 여러 종류의 화산암이 있으나 그 중에서 현무암과 같은 암석으로 이루어진 곳이 많기 때문에 용암동굴이 형성되는 데는 최적의 조건을 가졌다고 볼 수 있다.

이 밖에도 일본을 비롯한 하와이와 미국 서부, 호주 남부, 아이슬란드 등지에서도 용암동굴이 많이 발견되는데 주변에 현무암 지대가 많음을 볼 수 있다. 이 가운데 미국의 하와이는 최근까지 화산이 폭발하여 용암동굴이 만들어지는 지역으로 유명하다.

동굴탐험 지구가 담금질한 암석-화산암

화산암은 지구 표면을 구성하고 있는 세 종류의 암석 가운데 화성암에 속하는 암석이다. 화성암이란 주로 규소와 산소로 구성된 규산염 광물로 이루어진 암석으로, 규산의 양에 따라 용암의 점도와 암석의 종류가 달라진다. 서울의 관악산이나 도봉산의 화강암도 모두 화성암에 속하지만, 제주도에서만 볼 수 있는 검은색의 현무암이 화강암보다 규산의 양이 적어 점도가 매우 낮다.

화산암 지대에서 동굴은 용암이 흘러 만들어지기도 하지만, 마그마가 지표로 올라오면서 통로가 생기기도 하고 그 외의 다른 원인들로 만들어지기도 한다. 하지만 일부 학자들은 이들을 모두 포함하여 '화산동굴' 이라 부르고 있다.

제주도 현무암의 현미경 사진.
암석 내에는 다양한 규산염광
물이 발견된다(사진 고보균)

(2) 용암동굴의 형태와 작은 지형들

용암동굴은 석회동굴과 달리 화산이 폭발하여, 용암이 흘러내리는 것과 거의 동시에 만들어지므로 동굴 내부에 만들어진 여러 미지형이 곧 동굴의 형태가 된다.

흔히 볼 수 있는 미지형으로는, 용암이 흘러가면서 형성되는 용암주석, 승상용암, 아아용암, 용암선반, 용암붕, 용암발코니, 용암탁자, 선 구조, 거터 구조, 용암제방, 찰흔, 용암폭포 등이 있다. 그리고 벽면이나 천장이 갈라지는 틈 구조, 천장의 암석이 떨어진 낙반, 여러 차례 용암이 흐르면서 만들어지는 용암교, 동굴 속에 용암이 흐르면서 다시 용암동굴이 만들어진 튜브인튜브와 같은 것이 있으며 이러한 미지형들은 용암동굴에서만 볼 수 있는 독특한 형태이다.

· 용암주석

용암주석은 용암이 동굴 속을 흐르다가 두 갈래로 갈라져서 흐를 때 가운데에 기둥과 같은 것이 형성되는 것을 말한다. 학술적으로는 기둥 양쪽에 생긴 두 동굴의 폭의 합보다 기둥의 폭이 좁을 경우에만 용암주석이라고 부른다.

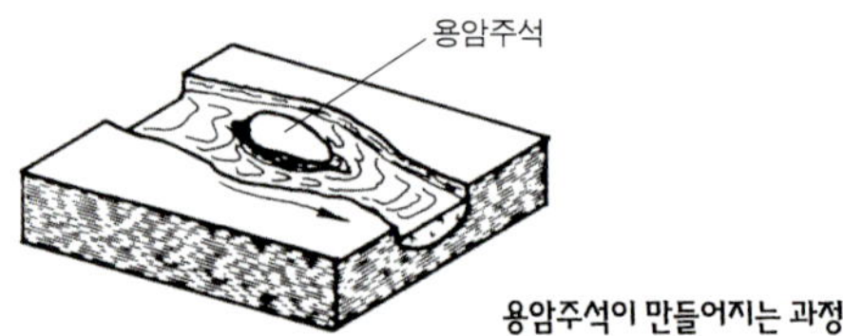

용암주석이 만들어지는 과정

미국 발렌타인동굴의 용암주석

· 승상용암

승상용암은 용암동굴 속뿐만 아니라 화산암이 분포하는 곳이면
어디에나 나타나는 전형적인 구조로, 아아용암과 함께 화산암의
표면에 잘 나타나지만 아아용암을 만드는 용암보다 점도가 더 낮
을 때 형성된다. 그래서 승상용암은 용암이 흘러가다가 굳으면서
마치 긴 줄들이 겹겹이 쌓인 것처럼 보인다.

· 아아용암

아아용암은 승상용암과 함께 화산암의 표면에 잘 나타나는 형태
인데, 승상용암보다 점도가 높아 표면이 매우 거칠고 울퉁불퉁한
것이 특징이다. 옛날에 화산섬에 살던 폴리네시아인들이 아아용
암이 형성된 지역을 맨발로 걸어가다가 아파서 '아아!' 라는 소리
를 냈기 때문에 이런 이름이 붙게 되었다고 한다.

아아용암(사진 데이브 버넬)

하와이의 승상용암(사진 데이브 버넬)

· 용암선반

용암선반은 동굴 속을 흐르던 용암의 양이 줄어들면서 벽면과 바닥에 있던 용암이 굳어 선반 같은 형태를 이룬 것이다. 용암선반은 벽면과 바닥에 함께 붙어 있어서 그 단면이 거의 직사각형에 가깝다.

· 용암붕

용암붕은 용암이 흐른 흔적이 동굴의 벽면에 길게 남은 것이다. 동굴 속을 흐르던 용암 또는 용암의 일부가 벽면에서 굳으며 만들어

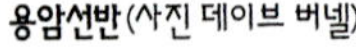

용암선반 (사진 데이브 버넬)

진다. 용암선반과 형성과정은 비슷하지만 벽면에 굳은 용암의 가
운데가 좀 더 튀어나와 있어서 용암선반과 구분이 가능하다.

제주도 수산굴의 용암붕(사진 최용근)

· 용암발코니

용암발코니는 용암선반과 형성과정이 비슷하다. 동굴 속을 흐르
던 용암이 빠져나간 후 미처 빠져나가지 못한 용암이 굳으면서 만
들어진다. 용암선반에 비해 윗면이 편평한 것이 특징이다.

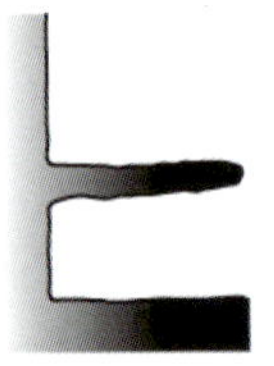

· 용암탁자

용암탁자는 동굴 속을 흐르던 용암의 표면이 얇게 굳고 미처 마르
지 않은 아랫부분의 용암은 빠져나가면서 마치 편평한 판(板)이
벽면에 붙은 것처럼 보인다. 바닥과 평행하게 발달하였다.

용암탁자 (사진 데이브 버넬)

· 선 구조

용암동굴이 형성되는 과정에서 동굴 속을 흐르는 용암의 양이 줄
어들거나 또는 나중에 다시 용암이 동굴 속을 흐를 경우, 흐르는
용암의 최상부가 벽면에 선으로 표시된다. 때로는 용암의 높이가
달라지면서 빗살무늬 같은 구조가 남기도 한다.

선 구조(사진 데이브 버넬)

제주도 만장굴의
선 구조

· 거터 구조

거터 구조는 흐르던 용암이 매우 적은 양만이 남아 흐르게 되었을
때, 동굴 바닥의 일부분에 홈이 패면서 흐른 자국이 남은 것이다.
주로 용암동굴의 바닥에서 가까운 양 벽면에 나타나지만, 때로는
동굴 바닥의 가운데에 나타나기도 한다. 거터 구조의 바로 옆에는
용암제방이 형성된다.

거터 구조 (사진 데이브 버넬)

· 용암제방

용암제방은 용암선반과 형성과정이 매우 비슷하지만 바닥에만 나
타난다. 보통 벽면에서 떨어진 채 형성되는데, 간혹 벽에 붙어 있
으면서 바닥과 어느 정도 간격을 유지하며 나타나기도
한다. 일반적으로 거터 구조가 있으면 그 양쪽
에 용암제방이 함께 존재한다.

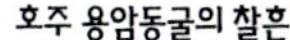

· 찰흔

찰흔은 용암 속에 어떤 딱딱한 물체가 섞여 있어서
용암이 흐르면서 동굴의 벽면을 긁은 흔적이다. 이런 흔적은 벽면
이 완전히 굳지 않았거나, 또는 용암이 지나갈 때의 열기 때문에
벽면이 부분적으로 녹아서 자국이 선명하게 남게 된다.

호주 용암동굴의 찰흔

하와이 용암동굴의 용암폭포 (사진 데이브 버넬)

· 용암폭포

용암폭포는 동굴 속에서 용암이 흐를 때 낮은 지형이 나타나면 용
암이 아래로 떨어지면서 굳게 되어 마치 폭포와 같은 형태를 보이
게 된다.

· 틈 구조

용암동굴을 형성한 용암이 급속히 식으면 현무암이라는 암석으로
굳게 된다. 틈 구조는 이 암석이 차갑게 식으면서 수축하므로 암
석 내에 틈이 벌어지는 것이다.

발렌타인동굴의 틈 구조 (사진 데이브 버넬)

· 낙반

낙반은 이름 그대로 암석이 떨어진 것이다. 용암이 식으면서 암석으로 굳은 후 시간이 흘러 수축하면 마치 여러 개의 기둥이 세워진 것처럼 보인다. 그런데 이렇게 형성된 암석은 갈라진 틈을 따라 부서져서 바닥으로 떨어지기 쉽다. 또 용암동굴 자체가 표면으로부터 깊지 않은 곳에 형성되기 때문에 천장의 암석은 쉽게 무너져 내릴 수 있다. 이렇게 암석이 천장에서 바닥으로 떨어지는 것은 용암동굴이 가지는 특징 중의 하나이다.

제주도 만장굴의 낙반

· 용암교

용암교는 동굴 내에 마치 다리가 놓인 것처럼 굳은 용암이 양쪽 벽에 걸쳐 있는 것을 말한다. 동굴의 천장이 무너지고 일부분만 남거나 여러 층으로 발달한 통로의 가운데 부분이 무너지면서 동굴의 중간이 다리처럼 만들어지기도 한다. 만약 이미 만들어진 동굴 속에 다시 용암이 흐르게 되면, 천장 부분이 굳고 내부에 다른 동굴이 생기면서 용암교가 만들어지기도 한다. 이 때는 튜브인튜브 구조가 만들어지는 과정과 매우 비슷하기 때문에 그 형태와 규모에 따라 구분되어야 한다.

용암교의 형태

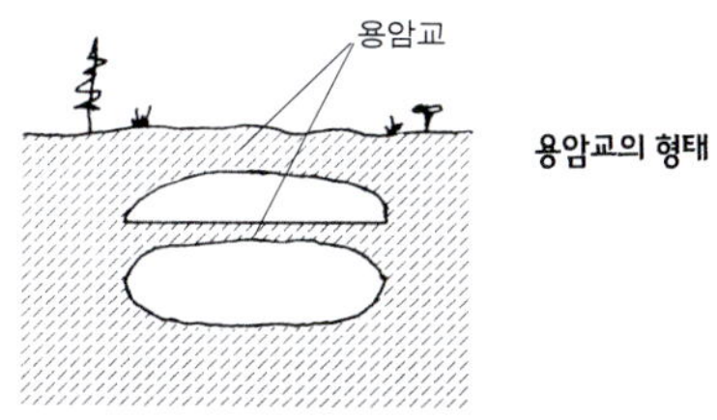

제주도 만장굴의 용암교(사진 최용근)

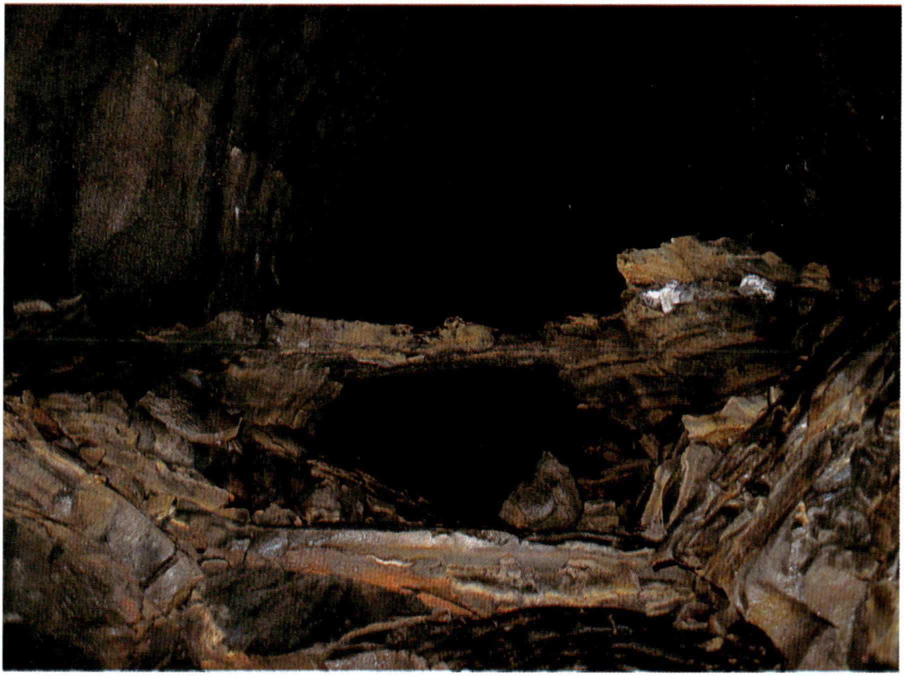

· 튜브인튜브

이미 만들어진 용암동굴 속에 다시 용암이 흐르게 되면, 흐르는
용암의 표면이 굳으면서 내부의 용암이 다시 빠져나갈 수 있다.
이렇게 용암동굴 속에 다시 작은 용암동굴이 하나 더 생긴 것을
튜브인튜브(tube-in-tube)라고 한다.

제주도 소천굴의 튜브인튜브

기타 동굴

· 얼음동굴

얼음동굴에는 두 종류가 있다. 하나는 남극이나 북극처럼 춥고 눈이 많이 내리는 극지방이나, 극지방이 아니더라도 일 년 내내 빙하가 존재할 수 있는 매우 높은 산악지대에서 만들어지는 경우이다. 이곳에 내리는 눈은 쌓이면서 빙하로 변하고, 또 일 년 내내 빙하가 녹지 않는다. 빙하의 표면이 녹으면서 빙하 속에 깊은 계곡이 만들어지고, 내부가 녹으면서 물이 빙하 밖으로 흘러나가 통로가 만들어지는데, 이것이 바로 얼음동굴이다. 이처럼 지속적으로 빙하가 존재하는 곳에서 만들어진 동굴을 순수한 의미의 얼음동굴이라 할 수 있다.

얼음동굴의 또 다른 종류는, 석회동굴이나 석고동굴, 용암동굴 등 보통의 동굴이 추운 지방이나 고도가 높은 산에 존재하여 동굴 내부에 얼음생성물이 만들어지는 경우이다. 엄격한 의미에서 이들을 얼음동굴이라고 할 수는 없지만 동굴의 내부의 온도가 일 년 내내 섭씨 0도 정도로 일정하여 얼음생성물이 잘 녹지 않으므로 보통 얼음동굴의 범위에 포함시킨다. 하지만 이런 얼음동굴에서는 여름이면 얼음생성물의 일부가 녹고, 겨울이 되면 다른 형태의 얼음생성물이 새롭게 자라기도 한다.

또 얼음동굴에서는 많은 얼음생성물들을 볼 수 있다. 이 얼음생성물들은 대부분 고드름과 같은 모양을 하고 있으며 석회동굴에서 발견되는 종유석, 석순, 석주, 커튼, 유석 등과도 매우 비슷하다.

미국 크리스털동굴 내의 얼음생성물
(사진제공 라바베드 국립기념관)

미국의 퇴적암 해식동굴(사진 데이브 버넬)

· 해식동굴

해식동굴은 암석이 파도에 깎여 만들어지는 동굴을 말한다. 항상 바람이 불고 있는 바닷가에는 계속해서 파도가 절벽에 부딪히면서 동굴이 형성될 수 있다. 때로는 폭풍이 밀려와서 절벽의 암석을 더 많이 깎기도 한다.

어떤 종류의 암석이든 바닷가에서 바람이 불어서 이는 파도의 영향을 받으면 해식동굴이 형성될 수 있는데, 일반적으로 단단하지 않은 퇴적암에 동굴이 더 잘 생긴다. 특히 암석 내에 약한 틈이 있으면 해식동굴은 더 잘 만들어진다.

· **해식동굴의 형성과정**

· 사암동굴

사암동굴은 모래로 된 암석층에 생기는 동굴이다. 사암이란 강가
나 바닷가에 쌓인 모래가 지하에 깊이 묻혀 오랜 세월이 지나면서
암석으로 변한 것이다. 이 사암이 지각운동으로 솟아올라 지표면
에 노출된 후 바람이나 빗물에 깎이거나, 하천이 사암을 관통하며
흐르면 동굴이 만들어진다. 또 지하수가 사암을 부분적으로 녹이
면서 동굴이 만들어질 수도 있다.

호주 뉴사우스웨일스 주의 사암동굴. 하천에 사암이 깎이면서 만들어졌다.

· 석고동굴

석고동굴은 석고로 이루어진 퇴적암층에 발달하는 동굴이다. 석고는 석회암보다 빗물이나 지하수에 더 잘 녹는 광물이기 때문에 석고층이 지표에 노출되면 쉽게 동굴이 형성될 수 있다. 석회암이 빗물과 지하수에 녹아서 석회동굴이 만들어지는 것처럼, 석고동굴이 형성되는 과정도 석회동굴과 비슷하다.

석고동굴에는 석고로 이루어진 종유석과 석순 등이 잘 형성되며, 지역에 따라 방해석이나 다른 광물로 이루어진 동굴생성물이 자라기도 한다.

이탈리아의 석고동굴
(사진 파올로 포르티)

동굴탐험 석고

아주 오래 전에는 바다가 주변 육지에 막혀 고립되는 경우가 많았다. 고립된 바다가 건조한 기후의 영향을 받으면 바닷물은 증발하게 된다. 바닷물이 지속적으로 증발하면서 염분이 바다의 바닥에 쌓이고 시간이 흐르면서 석고라는 광물의 퇴적층이 형성된다. 석고층은 건조한 지역에서 잘 나타나며, 특히 지중해 연안과 우크라이나, 미국 서부가 유명하다.

· 암염동굴

암염동굴은 그 생성과정이 석고동굴과 매우 비슷하다. 석고동굴이 석고라는 광물로 이루어진 퇴적층에 형성된 것과 마찬가지로, 암염동굴은 암염이라는 광물로 이루어진 퇴적층 내에 형성된 동굴이다. 일반적으로 소금동굴이라고도 부르는데, 소금은 바닷물이 증발하면서 생성된 모든 광물을 말하며 학술적으로 소금이 암석화한 것은 암염이라 부른다. 따라서 소금이 암석화한 데서 형성된 동굴은 암염동굴이라고 하는 것이 더 정확한 표현이다.

이란의 암염동굴 (사진 지리 부르탄스)

바닷물이 어느 정도 증발하면 석고층이 생기지만, 증발이 계속되면 암염층이 생기게 된다. 암염층은 대부분 건조한 지역에 분포하며, 이는 석고처럼 바다가 어느 정도 고립되었을 때 건조한 기후에서 만들어졌다는 것을 의미한다. 현재 멕시코 만을 비롯한 저위도의 대서양과 지중해 연안에는 수 킬로미터에 달하는 매우 두꺼운 암염층이 존재한다. 암염은 석고보다 빗물에 더 잘 녹기 때문에 암염층이 지표면에 노출되면 동굴이 매우 빠르게 형성된다. 따라서 암염동굴은 다른 동굴과

달리 매달, 혹은 매년마다 그 형태가 변하는 것이 특징이다. 암염동굴에서는 암염으로 이루어진 종유석이나 석순과 같은 동굴생성물이 매우 빠른 속도로 자라는 것을 볼 수 있다.

스페인의 암염동굴에서
자라는 암염종유석

· 기타 동굴

앞서 설명한 동굴들 외에도 특이한 암석이나 형성과정을 거쳐 만들어진 동굴들이 있다. 암석의 종류에 따라 화강암동굴, 셰일동굴, 규암동굴 등이 있으며, 형성과정에 따라 절리동굴, 침식동굴 등이 있다. 국내에 알려진 특이한 동굴로는 포천의 옹장굴과 합천의 배티굴이 있다. 옹장굴은 빗물에 잘 녹지 않는 화강암이 깎여서 지표에 노출된 후 화산폭발로 현무암이 덮이게 되고, 두 암석사이의 약한 틈에 지하수가 흐르면서 동굴이 만들어진 것이다.

포천의 옹장굴(사진 최용근)

동굴생성물

용암동굴의 동굴생성물

이미 형성된 동굴에 다시 용암이 지나가면 동굴의 천장이나 벽면이 녹아서 여러 형태의 동굴생성물이 만들어진다. 부분적으로 녹은 용암이 천장으로부터 떨어지면서 용암종유와 용암석순이 생긴다. 그리고 벽면에서 용암이 흘러내리면서 용암유석이, 벽면이나 천장으로부터 가스가 빠져나가면서 용암곡석과 용암기구, 용암기포 등이 만들어진다. 그 외에도 용암석주, 용암산호, 용암장미 등이 용암동굴을 장식한다.

한편, 용암이 아닌 다른 물질로 동굴생성물이 만들어지기도 한다. 예를 들어 암석이 용암과 함께 흘러가다가 멈추면서 용암표석(鎔巖漂石)이 만들어지며, 용암 내에 나무가 있던 자리가 흔적으로 남으면 용암수형(鎔巖樹型)이 만들어진다.

용암동굴에서 나타나는 동굴생성물들은 용암이 굳으면서 만들어지기 때문에 그 성분은 현무암과 거의 같다. 하지만 용암동굴이 생긴 후 지하수에 실려온 물질에 따라 방해석이나 황, 석영과 같은 광물이 동굴생성물로 자랄 수도 있다.

· 용암종유

용암종유는 미처 굳지 못한 용암이 천장에서 떨어지거나, 동굴 내에 다시 용암이 지나갈 때 천장에 있는 암석이 부분적으로 녹으면서 마치 상어 이빨 모양으로 만들어지는 생성물이다. 용암종유는

주로 높이가 낮고 폭이 좁은 통로에서 많이 발견된다. 크기는 대
체로 작지만 수십 센티미터에 이르는 것도 있다.

제주도 만장굴의 용암종유

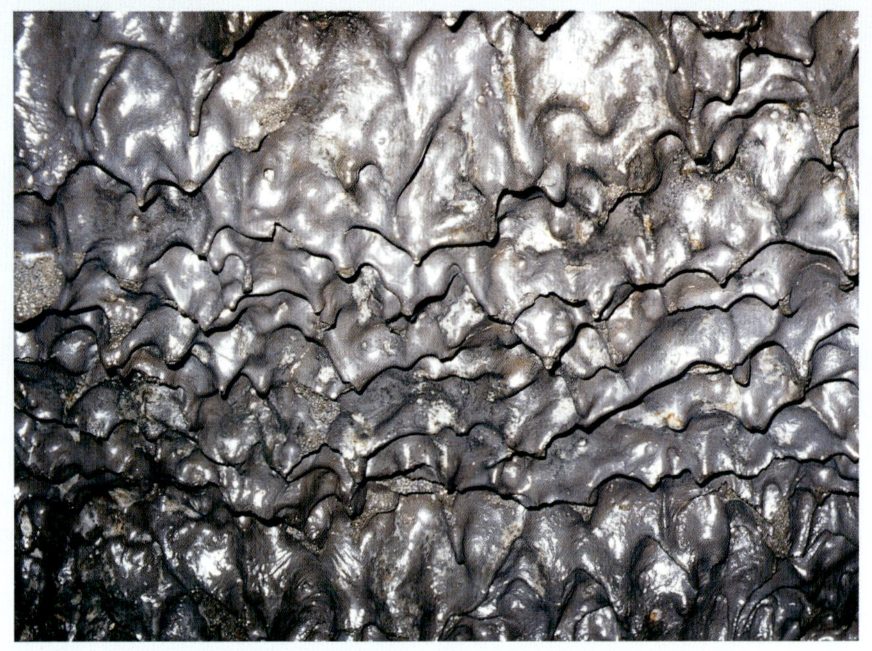

· 용암석순

용암석순은 천장에서 뜨거운 용암이 바닥으로 떨어지면서 만들어
진다. 한 지점에서 지속적으로 용암이 떨어지면 바닥에서 위를 향
해 석순이 자라게 된다. 석순의 모양은 천장에서 떨어지는 용암의
양에 따라 다양하게 만들어지며, 크기는 수십 센티미터에서 1미
터가 넘는 것도 있다.

하와이 용암동굴의 용암석순
(사진 데이브 버넬)

하와이 용암동굴의 용암석순 군락 (사진 토니 월섬)

· 용암석주

용암석주는 천장에 있는 용암이 바닥으로 흘러내리면서 기둥 모양으로 만들어진 동굴생성물이다. 만장굴의 용암석주는 전 세계에서 가장 규모가 크다고 알려져 있다.

제주도 만장굴의 용암주 (사진 최용근)

· **용암유석**

용암유석은 용암이 벽면이나 바닥을 흘러내리면서 굳은 생성물이
다. 흘러내린 용암의 양에 따라 다양한 크기와 모양의 유석이 만
들어진다.

하와이 용암동굴의 용암유석(사진 데이브 버넬)

· **용암곡석**

용암곡석은 동굴의 천장에서 용암이 굳는 과정에서 가스가 빠져
나오면서 만들어진다. 내부는 관처럼 비어 있으며, 형태는 마치
치약을 짜놓은 것처럼 불규칙하다. 국내의 여러 용암동굴에서 용
암곡석이 나타나지만 특히 당처물동굴에서 용암곡석이 많이 발견
된다.

제주도 당처물동굴의 용암곡석

· 용암기구

용암기구는 천장이나 벽면의 덜 굳은 용암의 내부에서 가스가 차 표면이 부풀어오르면서 만들어진다. 크기는 불과 몇 센티미터밖에 되지 않는 것에서부터 수 미터에 이르기도 한다. 표면은 매우 반들반들하며 보통 속이 비어 있지만, 때로는 내부에 성기게 굳은 암석으로 채워져 있기도 하다.

하와이 용암동굴의 용암기구 (사진 데이브 버넬)

· 용암기포

용암기포는 용암종유와 같은 과정으로 만들어지는 생성물이다. 용암이 지나간 천장에서 아직 굳지 않은 용암이 타원형을 이루며 아래쪽으로 모이고, 이 때 내부로부터 가스가 빠져나가면서 만들어진다.

· 용암산호

용암산호는 가까이 있는 여러 지점으로 천장에서 용암이 떨어지면서 혹 같은 모양으로 만들어지는 생성물이다. 용암동굴 내에는 석영이나 방해석 성분의 광물이 자라기도 하는데, 마치 석회동굴의 동굴산호와 같은 형태를 보여주기도 한다.

제주도 수산굴에 자란
규산염광물 동굴산호

하와이 용암동굴에 자란
방해석 동굴산호

· 용암장미

용암장미는 동굴 바닥에서 장미 모양으로 만들어지는 생성물로, 만들어지는 원인은 두 가지로 추측할 수 있다. 하나는 완전히 식지 않은 용암에서 가스가 분출하면서 용암방울이 터져 만들어지는 경우이고, 다른 하나는 컵 모양의 용암석순이 위에서 떨어지는 용암 때문에 윗부분이 부서지면서 장미 모양으로 만들어지는 경우이다.

· 용암표석

용암이 흐르는 동안 용암이 부분적으로 굳으면 굳은 용암은 중간에 멈추게 되고, 굳지 않은 용암이 굳은 용암의 주위를 계속 흐르면서 용암표석이 만들어진다. 대표적으로 만장굴의 거북바위를 들 수 있다.

제주도 만장굴의 용암표석(거북바위)

석회동굴의 동굴생성물

(1) 동굴생성물의 형성과정

하늘에서 내리는 약한 산성의 비는 땅 속으로 침투하여 석회암을 녹이고, 지하수가 되어 땅 속을 흐르면서 칼슘이온과 탄산염이온, 그리고 이산화탄소를 많이 함유하게 된다. 이렇게 지하의 석회암을 녹이면서 내려온 지하수가 동굴과 만나면 여러 화학적 변화가 일어나게 된다.

우선 지하수에 포함되어 있는 이산화탄소가 동굴의 공기 속으로 빠져나가는데 이런 현상을 이산화탄소의 유리(遊離)라고 한다. 이러한 유리작용은 동굴 내 대기의 이산화탄소의 양이 지하수보다 상대적으로 적어서, 기체의 양이 많은 곳에서 적은 곳으로 이동하여 양쪽이 균형(평형상태)을 이루려고 하기 때문에 일어난다. 유리작용이 일어나면 지하수(동굴수)의 화학성분에 변화가 일어나 물 속의 칼슘이온과 탄산염이온의 양이 점점 많아진다. 이온의 양이 과포화상태에 이르면 동굴생성물이 방해석이나 아라고나이트 같은 탄산염광물로 침전한다.

이산화탄소의 유리작용 외에도 동굴 속의 습도에 따라 동굴수가 증발하면서 탄산염광물이 침전하기도 한다. 즉 대부분의 동굴생성물은 동굴수로부터 이산화탄소가 빠져나가거나 동굴수가 증발하면서 자라는 것이다. 일부 학자들은 탄산염광물이 동굴 속의 박테리아 같은 미생물에 의해 만들어질 수도 있다고 주장하기도 한다.

동굴탐험 **광물의 침전**

광물은 각기 다른 화학성분을 가진다. 대부분의 광물은 용액 속에 그 광물을 이루는 원소의 성분이 많아지면서 만들어지는데, 이를 광물의 '침전(沈澱)'이라고 한다. 광물이 침전하는 것은 물 속에 광물을 이루는 화학성분의 양이 물보다 많을 때 나타나는 반응인 것이다.

즉 용액 속에 어떤 특정한 원소가 녹아 있을 때 그 양에 따라', '불포화', '포화', '과포화' 상태라고 말한다. 불포화상태일 때는 광물이 용액에 녹으며, 포화상태면 광물과 용액이 서로 변화가 없고, 과포화상태에서는 용액으로부터 광물이 침전한다. 예를 들어 바닷물을 냄비에 넣고 끓이면, 물이 증발하면서 바닷물 속에 들어 있던 나트륨(Na)과 염소(Cl) 이온이 남게 된다. 이것이 바로 소금이다. 이는 나트륨이온과 염소이온이 물보다 많은, 과포화 상태에 이르렀기 때문에 침전한 것이다.

동굴생성물을 이루는 방해석이나 아라고나이트와 같은 탄산염광물은 바다에 사는 조개껍데기와 같은 성분인 탄산칼슘으로 이루어져 있다. 이들 광물이 만들어지기 위해서는 칼슘이온과 탄산염이온이 모두 필요하며, 이 이온들을 포함하는 물이 반드시 있어야 한다. 동굴생성물이 있는 석회동굴에 가 보면 대부분이 물에 젖어 있음을 관찰할 수 있다. 간혹 물기가 거의 없이 마른 곳에서도 동굴생성물이 발견되지만 이들을 자세히 관찰하면 표면에 물기가 있는 것을 볼 수 있다.

(2) 동굴생성물의 분류

석회동굴 내에는 다양한 동굴생성물이 발견되는데 이들은 형성과정과 형태에 따라 이름이 붙여졌다. 관광지로 개발된 여러 석회동굴에 가 보면 동굴 내에 '사자상' 이니 '마리아상' 이니 하는 이름이 붙어 있으나, 이들은 모두 동굴생성물이 생긴 모양만을 가지고 붙인 이름일 뿐 학술적으로는 의미가 없다.

동굴생성물은 성장한 형태와 위치, 그리고 형성과정을 기준으로 다음과 같이 분류한다.

· 천장이나 벽면에서 떨어지거나 <u>흐르는 물로 형성되는 것</u>
 종유관 · 종유석 · 석순 · 석주 · 동굴진주 · 커튼 · 베이컨시트

· <u>흐르는 물로 형성되는 것</u> 유석

· 벽면에서 스며 나오는 물로 형성되는 것
 곡석 · 석화 · 동굴산호 · 월유 · 동굴풍선 · 동굴기포

· 동굴 바닥에 흐르는 물이나 고인 물 내에서 형성되는 것
 휴석 · 붕암

· 기타 다른 원인으로 형성되는 것 동굴방패 · 월유

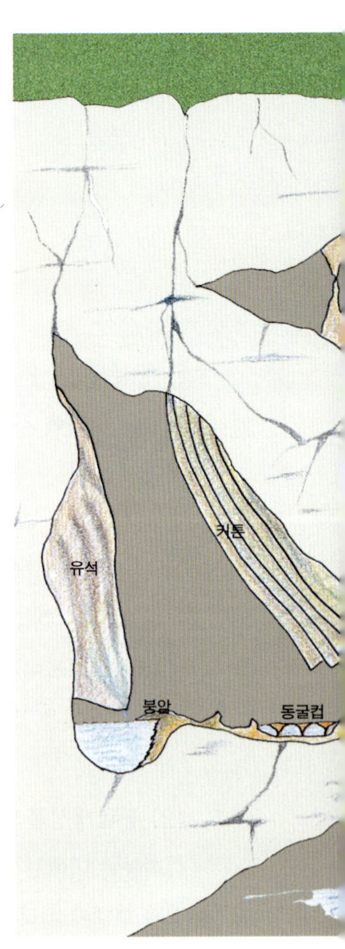

동굴생성물은 생성물이 자라는 위치, 물의 공급량과 흘러내리는 속도, 온도, 습도, 이산화탄소의 농도, 동굴 안에 부는 바람의 방향이나 속도, 동굴 주위 석회암에 나타나는 절리의 방향과 수, 동굴의 진화단계 등 동굴의 환경 변화에 따라 종류가 다른 생성물이 형성된다. 같은 종류의 동굴생성물일지라도 동굴 내부의 아주 미미한 변화로 인해 그 형태가 여러

가지로 나타날 수도 있다. 동굴생성물이 자라던 동굴의 환경이 변하면 동굴생성물 위에 다른 종류의 동굴생성물이 자라는 것도 가능하다. 하지만 이러한 동굴생성물의 형태의 다양성은 아직도 많은 부분이 과학적으로 설명될 수 없는 수수께끼로 남아 있다.

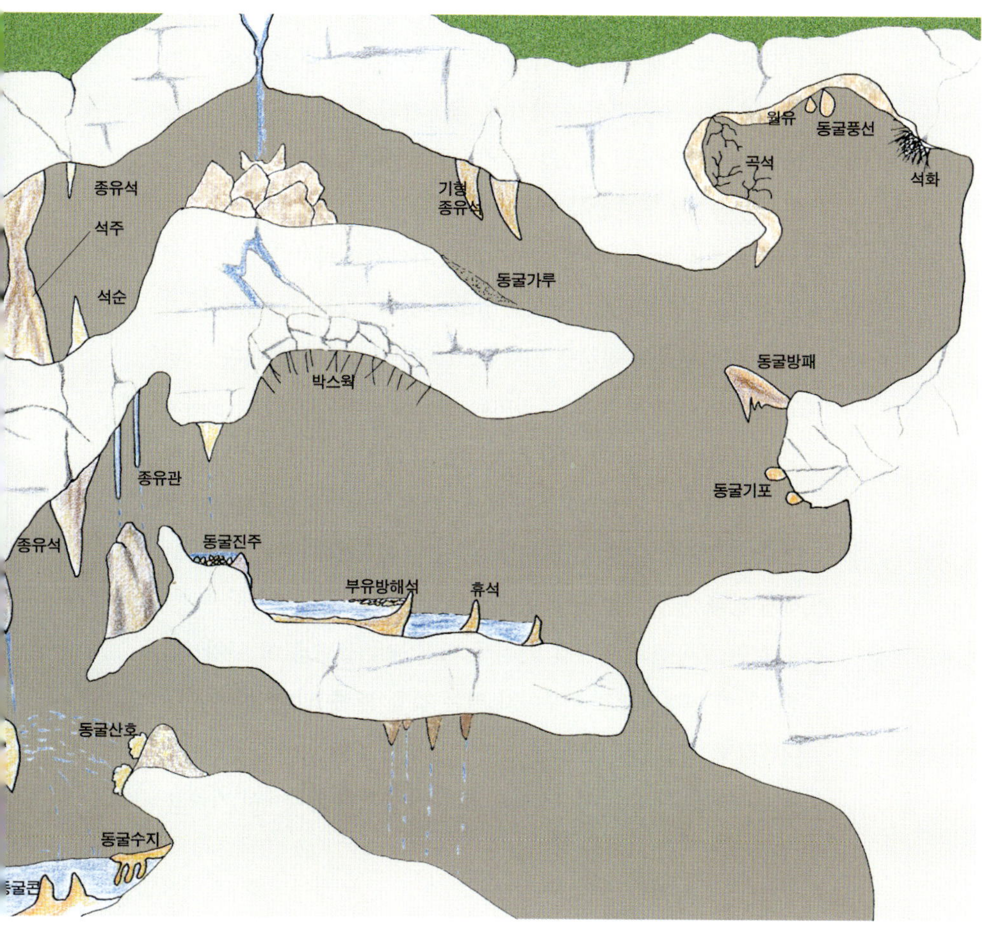

(3) 동굴생성물의 특징

· 종유관

종유관은 이름에서 알 수 있듯이 속이 빈 빨대처럼 생겼다. 암석의 틈에서 공급되는 물이 관 끝에서 떨어지지 않을 정도로만 공급될 때 만들어진다. 이 때 종유관 끝에 있는 물방울에서 끊임없이 이산화탄소가 빠져나가면서 물 속의 칼슘이온과 탄산염이온이 결합하며 종유관이 자라는 것이다. 종유관의 끝 부분에 맺혀 있는 물방울은 매우 느린 속도로 떨어지기 때문에 종유관에서 직접 떨어지는 물방울을 관찰하기란 쉽지 않다.

종유관은 길이가 수십 센티미터로 자라기도 하지만, 일정한 정도 이상은 자라지 않는 것으로 알려져 있다. 그 이유는 종유관 자체의 무게 때문에 천장에 매달려 있을 수가 없기 때문이다. 그리고 관의 지름이 항상 5.1밀리미터 정도로 유지되는데, 이는 물의 양이 달라도 물방울이 맺힐 정도라면 그 크기가 거의 일정하기 때문이다. 그러나 천장으로부터 물의 공급이 증가하면 종유관의 옆면에도 꾸준히 물이 공급되면서 광물이 성장하여 종유석으로 변하게 된다.

한편 종유관의 일부를 채취해 박편(薄片)을 만들어 관찰하면 종유관이 방해석으로 이루어져 있는 것을 볼 수 있다. 박편이 아니더라도, 종유관의 끝을 잘 관찰하면 방해석 결정이 성장하는 것을 볼 수 있다. 방해석 결정들은 항상 종유관의 안쪽에서 자라고, 각 결정은 서로 크기가 비슷하다.

• 종유관의 형성과정

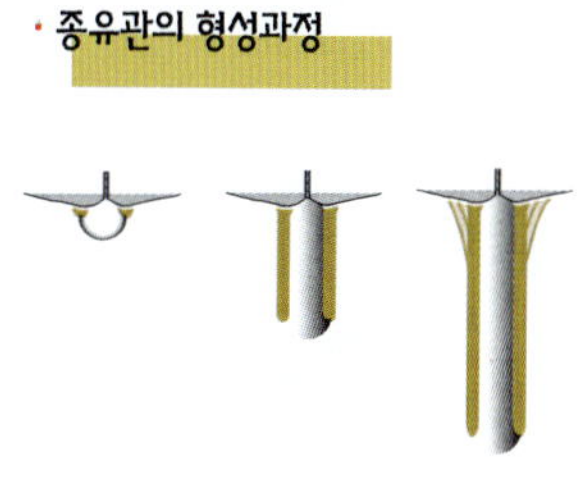

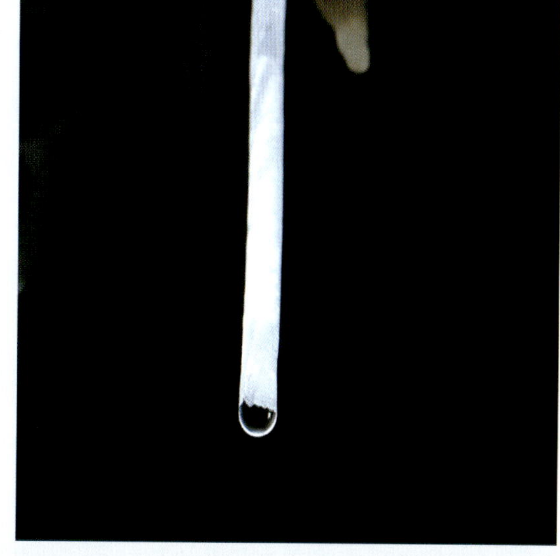

이탈리아의 석회동굴에서 자란 종유관
(사진 파올로 포르티)

뉴질랜드 석회동굴의 종유관 군락
(사진 앤 보스테드)

동굴탐험  암석의 내부 정보-박편

박편을 만드는 것은 지질학에서 암석의 내부를 관찰하기 위해 흔히 쓰는 방법으로, 채취한 암석을 톱으로 절단하여 암석의 한쪽 면을 반들반들하게 갈아서 유리에 접착시킨 후 유리에 붙어 있는 암석의 조각을 약 0.1밀리미터 정도의 두께가 되게 만든 것을 말한다. 그리고 편광현미경을 통해 이렇게 만들어진 박편에 빛을 통과시켜서 수십에서 수백 배의 배율로 확대하여 보면 암석이 어떤 광물로 이루어져 있으며 얼마나 오래된 것인지 등을 알아낼 수 있다.

· 종유석 · 석순 · 석주

종유석은 석회동굴에서 가장 흔하게 볼 수 있는 동굴생성물의 하나로, 암석을 따라 지하로 흘러 내려온 지하수가 동굴의 천장에 물방울로 매달려 있으면서 자라게 된다. 또 종유관 내부로 흐르던 물의 공급이 많아져 종유관 바깥으로 타고 흐르면서 종유석으로 변한 것도 많다. 그래서 종유석을 관찰해 보면 내부가 비어 있는 것을 보게 되는데, 이는 종유관으로 자라던 것이 물의 공급이 많아지면서 종유석으로 변했다는 것을 의미한다.

가장 흔한 형태의 종유석은, 아래로 갈수록 그 폭이 좁아지면서 밑 부분이 뾰족하게 되는데, 그 모양이 당근과 비슷하다고 해서 '당근형 종유석'이라고 부른다. 하지만 물이 공급되는 방향과 공급량, 그리고 동굴 내에 부는 약한 바람에 의해 종유석의 형태는 매우 다양하게 발달하며, 같은 종유석이라도 독특한 형태로 나타나는 것을 '기형 종유석'이라 한다.

언뜻 보기에 모두 비슷하게 생겼지만, 동굴에 따라 자라는 속도가 달라 모양과 크기에 큰 차이가 있다. 물론 자라는 속도가 일정한 경우에는 오래된 것일수록 크기가 크지만, 종유석마다 자라는 속도가 다르기 때문에 자라는 기간이 짧더라도 크기가 클 수 있고, 오랫동안 자란 것이라도 크지 않을 수 있다.

종유석이 자라는 데는 외부의 강수량도 관계가 있다. 어떤 동굴에서는 종유석이 여름 동안에만 자라는데, 그 이유는 비가 많이 오는 여름에만 천장에서 물이 떨어지고 겨울에는 물이 떨어지지 않기 때문이다. 또 오랜 세월에 걸쳐 동굴 밖의 기후가 달라지면서 종유석이 자라는 속도가 달라지기도 한다. 지금으로부터 약 18,000년 전에는 북극이나 남극, 그리고 그린란드(Greenland)에 있는 빙하의 크기가 지금보다 훨씬 더 컸으며, 북반구의 여러 지역에서는 빙하가 거의 북위 45도까지 내려온 흔적들이 곳곳에서 발견된다. 만일 석회동굴이 있는 지역이 빙하로 덮여 버리면 어떻게 될까. 당연히 동굴 속으로 공급되던 지하수는 더 이상 공급되지 않을 것이고, 그 결과 동굴 속의 모든 동굴생성물이 자랄 수 없게 된다. 동굴생성물 속에는 이런 기후 변화의 정보가 모두 간직되어 있어서 학자들은 종유석이나 석순을 분석하여 지구환경의 변화에 대해 여러 가지 정보를 얻고 있다.

석회동굴 속을 다니다 보면 천장으로부터 물방울이 떨어지는 것을 알 수 있는데, 물방울이 떨어지는 바로 그 지점의 천장을 보면 어김없이 종유석이 있으며, 물방울이 떨어지는 지점의 바닥에서는 석순이 자란다. 석순은 종유석과 마찬가지로 수 센티미터에서 수십 미터에 이르기까지, 그 크기가 다양하다.

천장의 한 지점에서 공급되는 물이 종유석과 석순을 동시에 자라게 하지만, 종유석과 석순이 자라는 과정은 약간 다르다. 종유석은 천장에서 나온 물이 종유석의 옆면을 흘러내릴 때 이산화탄소가 빠져나가면서 자라지만, 석순은 종유석으로부터 떨어지는 물이 동굴의 바닥에 부딪히거나 석순의 표면을 따라 흘러내릴 때, 물에서 이산화탄소가 빠르게 빠져나가면서 자란다. 이것은 우리가 맥주나 콜라를 흔들면 거품이 생기면서 이산화탄소가 빠져나가는 것과 같은 이치다. 하지만 공급되는 물의 양이 줄어들면 종유석이나 석순이 이산화탄소의 유리작용에 의해서가 아니라 수분의 증발로 자랄 수도 있다.

삼척 초당굴의 종유석에서 떨어지는 물방울

태백 용연굴의 석순(사진 홍선표 · 안종환)

석순은 종유석으로부터 물방울이 떨어지는 지점에서 위쪽으로 자라며, 종유석과 반대로 자랄수록 가늘어지는 것이 보통이다. 석순의 모양은 물의 공급량과 화학성분, 천장의 높이, 물방울이 떨어지는 위치에 따라 다양하게 나타나는데, 천장의 높이가 높고 떨어지는 물의 양이 많으면 석순의 끝 부분에서는 물이 많이 튀게 되므로 석순의 옆으로 여러 가지 모양의 장식이 생기게 된다.

석순의 종류에는 가운데 부분은 노랗고 바깥 부분은 흰색을 띠어 마치 달걀프라이처럼 보이는 에그프라이형 석순, 아래로 갈수록 굵기가 일정해지는 촛대형 석순, 위가 편평한 평정석순, 젖가슴과 비슷하게 생긴 유방형 석순 등이 있다.

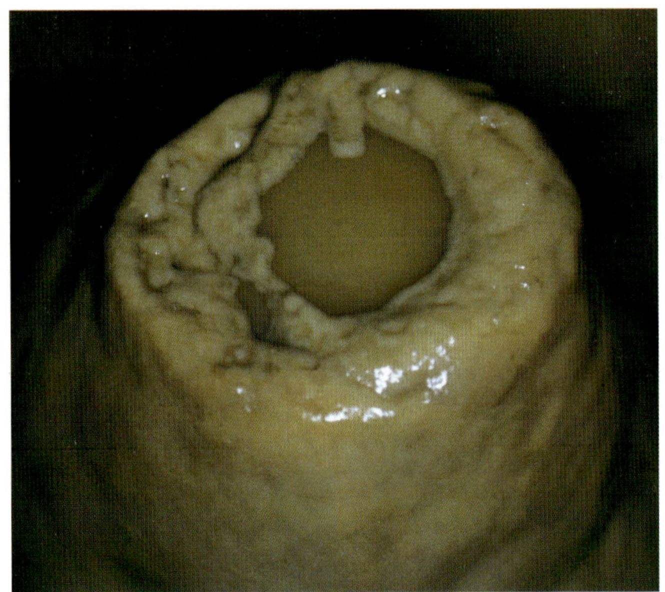

영월 용담굴의 에그프라이형 석순

종유석이 천장에서 바닥을 향해 계속 자라고, 석순이 바닥에서 천장을 향해 자라다가 서로 만나서 기둥 모양으로 연결되면 석주라고 부른다.

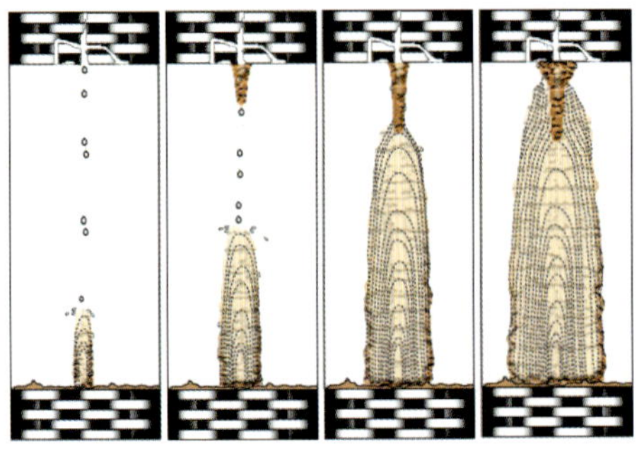

종유석과 석순이 만나면 석주가 된다.

· 커튼

암석 내의 약한 부분을 따라 지하로 침투하여 동굴로 나온 지하수는 경사진 천장이나 벽면을 따라 흘러내린다. 물이 경사면을 따라 흘러내리고, 방해석이 흘러내리는 방향에서 수직으로 자라면 천장에 천이 드리운 것 같은 동굴생성물이 자라게 되는데, 이를 커튼이라 한다.

커튼은 자란 속도와 기간에 따라 크기에 많은 차이를 보이며, 어떤 것은 수십 미터까지 자라기도 한다. 커튼이 자랄 때 끝 부분에 물이 많이 흐르면 커튼의 끝이 울퉁불퉁한 톱니 모양이 되므로 이를 '톱니형 커튼' 이라 부른다. 또 석회암에 있는 틈이 좁을 경우에는 매우 얇은 커튼이 자란다.

커튼은 자라면서 다양한 색을 띠기도 하는데, 이는 빗물이 토양을 통과하여 지하로 흘러내리기 때문에 비의 양이나 지하수의 성분, 토양의 성분에 따라 달라지는 것이다. 즉 커튼이 자라는 과정에 지하수 속에 갈색의 흙과 같은 성분이 섞여 있으면, 커튼의 내부에 갈색의 띠를 보이게 된다. 이러한 흙이 지하수에 가끔 섞여서 들어오면 커튼 전체에 여러 개의 띠가 나타난다. 띠를 가진 얇은 커튼 뒤에서 빛을 비추면 마치 삼겹살과 같은 무늬가 생기는데 이런 것을 '베이컨시트(bacon sheet)' 라고 한다.

삼척 관음굴의 커튼

뉴질랜드 와이토모동굴의 베이컨시트
(사진 앤 보스테드)

미국 칼스바드동굴의 유석
(사진 피터 존스)

· 유석

석회동굴 속에는 천장뿐만 아니라 벽면에 작은 구멍들이 있다. 보통 이런 구멍에는 물이 흐른 흔적이 많으며, 물이 흐른 바닥은 대부분 유석으로 덮여 있다. 석회암의 약한 부분을 따라 많은 물이 유입되어 동굴의 벽면이나 바닥을 흐르면 이런 곳에서도 유석이 자랄 수 있으며, 이미 생성된 동굴생성물 위에 많은 물이 흐르면 그 위를 덮으며 새롭게 유석이 자라기도 한다. 유석은 이처럼 많은 양의 물이 흘러내리면서 자라기 때문에 자라는 속도는 항상 물의 공급량과 밀접한 관련이 있다. 특히 우리 나라처럼 여름철에 비가 많이 오는 곳에서는 여름철에 활발히 자라게 된다.

유석은 크기가 매우 다양하며, 벽면이나 동굴 바닥의 지형에 따라 여러 형태로 나타난다. 또 다른 동굴생성물들과 마찬가지로, 지하수에 포함된 물질에 따라 다양한 색의 유석이 만들어지기도 한다.

삼척 환선굴의 흑백유석

· 석화

석화는 이름 그대로 '돌로 된 꽃' 을 뜻하며, 동굴생성물 가운데 가장 아름다운 생성물로 꼽힌다.

최근까지 국내에서 발견된 석화는 모두 아라고나이트라는 광물로 이루어져 있다. 석화를 이루는 여러 아라고나이트 결정들은 모두 뾰족한 침처럼 생겼으며, 주로 동굴의 벽면이나 천장에서 불규칙하게 여러 방향으로 뻗어 꽃처럼 자란다.

동굴탐험 석화와 아라고나이트

몇 년 전, 모 방송에서 석화를 '아라고나이트' 라고 소개하는 것을 본 적이 있다. 아라고나이트는 동굴생성물을 이루고 있는 광물의 하나이기 때문에 특정한 동굴생성물을 아라고나이트라고 표현하는 것은 옳지 않다. 석화를 아라고나이트라고 부른다면, 이는 마치 대리석으로 만든 탁자를 탁자라고 부르지 않고 대리석이라고 하는 것과 같다. 외국의 동굴학자들은 '동굴꽃(cave flower)' 을 석회동굴 내에서 석고라는 광물이 마치 꽃처럼 휘어진 형태로 자란 것에만 제한하여 부르기도 한다.

석화의 대부분은 대개 물이 없고 습도가 낮은 사굴(死窟)에서 많이 자란다. 간혹 지하수가 흐르거나 많은 양의 물이 떨어지는 동굴에서 발견되기도 하는데, 이 때는 물이 직접 떨어지지 않는 곳에서만 발견된다. 석화는 다양한 환경의 동굴에서 발견되기 때문에, 석화가 자라기에 적합한 동굴환경을 한 마디로 설명하기란 쉽지 않다.

그러면 물이 거의 없는 곳에서 자라는 석화는 어떻게 물을 공

급받는 걸까. 암석 속의 지하수가
벽면을 통해 아주 조금씩 스며 나
오기도 하지만, 일부 동굴에서는
탄산칼슘을 함유한 수증기의 도움
을 받기도 한다. 어쨌든 석화가 자
라는 데 필요한 매우 적은 양의 물

단양 고수동굴의 석화

은 동굴 벽면에 얇은 막으로 존재하고, 이 막에서 칼슘이온과 탄
산염이온이 계속 결합하면서 석화가 자랄 수 있다.

　우리 나라 석회동굴 가운데 석화가 많은 동굴은 강릉의 옥계
굴, 정선의 비룡굴과 화암굴, 영월의 청림굴 등이다. 특히 강릉시
산계리에 있는 옥계굴은 일명 '석화굴'이라 불릴 정도로 다양한
석화가 많다. 정선의 비룡굴에도 아름다운 석화가 많았으나 동굴
을 전문적으로 훼손하는 몰지각한 도굴꾼들에 의해 많은 부분이
손상되었다. 최근에 조사된 단양의 에덴동굴에는 종유석 위에 아
름다운 석화가 자라고 있다.

정선 화암굴의 석화

슬로바키아 오친스카아라고니트 동굴의 곡석(사진 엘리아스)

· 곡석

곡석은 동굴산호와 함께 가장 아름답고 경이로운 동굴생성물의 하나로 꼽힌다. 곡석은 다른 동굴생성물과 달리 벽면이나 바닥, 천장 등에서 아무 방향으로 뻗으며 뒤틀린 듯한 모양으로 자라지만, 그 크기는 수십 센티미터에 이르기도 한다.

보통 곡석은 물이 직접 떨어지거나 흐르는 곳에서는 발견되지 않기 때문에 석화처럼 벽면이나 바닥, 혹은 천장에서 스며든 물을 받아 자라는 것으로 생각된다. 일부 곡석은 내부에 아주 작은 관이 있어서 이 관을 통해 물을 공급받기도 하지만, 어떤 것은 중간 부분에 맺힌 물방울을 통해 물을 공급받는 것으로 보인다. 삼척의 관음굴이나 단양의 고수동굴, 영월의 송이굴에서는 활발히 자라고 있는 종유석 위에도 곡석이 자라고 있다. 이런 경우에는 종유석 옆면을 따라 흐르는 물이 곡석의 성장과 관련이 있다고 본다.

삼척 관음굴의 곡석

간혹 동굴 내부의 수증기가 곡석의 표면에 달라붙어서 자라는 것
처럼 보일 때도 있다.

국내의 여러 석회동굴에서도 곡석이 발견되는데, 이 가운데 가
장 아름다운 곡석이 있는 곳은 정선의 곡석굴이다. 곡석굴 외에도
삼척의 관음굴, 평창의 백룡동굴, 정선의 화암굴과 비룡굴, 강릉
의 옥계굴은 다양한 형태의 곡석이 자라는 동굴로 유명하다.

미국 레추기아동굴의 곡석(사진 피터 존스)

강릉 옥계굴의 혹 모양 동굴산호

· 동굴산호

동굴산호는 동굴 입구부터 깊은 곳에 이르기까지 가장 흔하게 발견되는 동굴생성물의 하나로, 동굴의 바닥이나 벽면 외에도 종유석이나 석순, 석주, 커튼과 같은 다른 동굴생성물 위에서 자라기도 한다. 보통 다른 동굴생성물이 거의 없는 동굴에서도 동굴산호는 항상 자라고 있으며, 특히 석회동굴의 입구에서는 동굴산호를 쉽게 발견할 수 있다. 동굴산호는 실제로 살아 있는 동물은 아니지만, 바다의 산호처럼 다양한 형태를 보여준다. 그러나 그냥 산호라고 하면 혼동하기 쉬우므로 반드시 동굴산호라고 불러야 한다. 외국의 학자들은 일부 동굴산호가 팝콘과 비슷하게 생겼다고 하여 '동굴팝콘'이라 부르기도 한다.

동굴산호는 주로 방해석과 아라고나이트로 이루어져 있으며, 주로 혹처럼 생겼거나 나뭇가지처럼 갈라진 모양을 한 것이 가장 흔한 편이다. 동굴산호는 형태가 매우 다양하여 형태에 따라 분류하자면 아마도 수십 종류에 이를 것이다.

휴석 내에 있는 동굴산호는 휴석에 고인 물을 직접 공급받으며 자란다. 하지만 그 외의 다른 동굴산호는 석화나 곡석처럼 동굴 주위의 암석으로부터 스며 나오는 매우 적은 양의 물에 의존해 자란다. 어떤 동굴산호는 천장에서 떨어져 튀는 물을 받아 자라기도 한다.

동굴산호의 표면을 자세히 보면 표면이 얇은 막의 물에 덮여 있는 것을 알 수 있다. 이 얇은 막의 물에서 이산화탄소가 빠져나가거나, 물이 증발하면서 동굴산호가 자라는데, 물이 동굴산호의 울퉁불퉁한 표면 위에 있으면 튀어나온 부분에서는 더 많은 이산화탄소가 빠져나가기 때문에 동굴산호가 한쪽으로만 자라서 혹과 같은 모양을 갖게 된다. 하지만 표면이 말라 있을 때는 물이 어디서 어떻게 공급되었는지 알기가 어렵다. 이럴 때는 동굴 내의 수증기로부터 이온이 공급되었을 가능성도 찾게 된다.

외국의 한 학자는 동굴산호가 자라는 방향이 동굴 내에 약하게 부는 바람의 방향과 습도와 관련이 있을지 모른다고 추측하였다. 즉 건조한 환경에서 약하게 부는 바람은 물의 증발을 촉진시켜서 동굴산호를 바람이 부는 방향으로 자라게 한다는 것이다. 필자는 영월 고씨굴의 미공개 지역을 탐사하면서 석순 위에 아름답게 자라고 있는 동굴산호를 본 적이 있다. 흥미로웠던 점은, 석순의 한쪽 면에만 동굴산호가 자라고 있었으며, 이러한 형태의 석순이 약 30미터나 되는 거리에 모두 같은 모양을 하고 있었다. 이러한 현상은 그 부근을 지나가는 미세한 바람의 영향을 받았을 가능성이 매우 높다.

동굴산호는 국내 모든 석회동굴에서 발견되지만, 정선의 산호동굴과 영월의 용담굴의 동굴산호는 특히 아름답다.

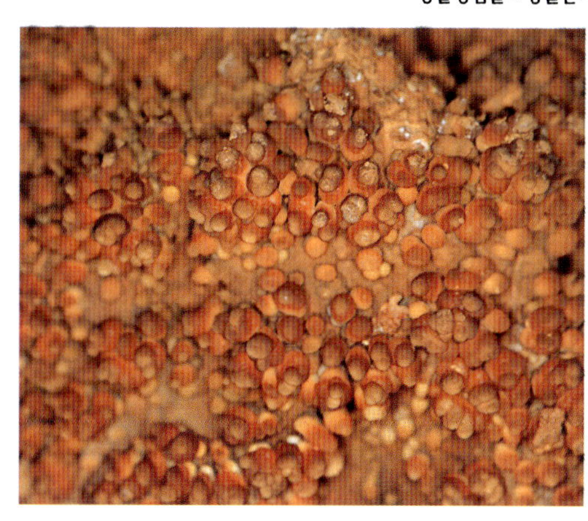

영월 용담굴의 동굴산호

· 휴석

휴석은 국내의 석회동굴에서 아주 흔하게 나타나는 동굴생성물로 경사진 동굴 바닥에 물이 흐르면서 마치 계단식 논과 같은 모양을 만들며 자란다. 휴석 속에 물이 고여 있으면 이를 휴석소(畦石沼)라고 한다. 휴석에는 물이 흐르기도 하고 고여 있기도 하는데, 우리 나라는 주로 여름에 비가 많이 오고 겨울에는 건조하기 때문에 휴석 속의 물이 마르기 쉽다.

휴석의 크기는 수 센티미터에서 수십 미터에 이르기까지 매우 다양하며, 어떤 경우에는 아주 작은 규모로 유석이나 석순의 표면에서 자라기도 한다. 그런데 휴석이 어떻게 항상 같은 높이로 자라면서 논과 같은 모양을 유지하는지는 매우 흥미로운 문제가 아닐 수 없는데, 그 이유는 다음과 같다.

우선 휴석은 보통 방해석이나 아라고나이트라는 광물로 이루어져 있다. 따라서 동굴수가 동굴 바닥을 흘러갈 때 지면에 부딪히면 이산화탄소가 빠져나가면서 광물의 침전이 일어난다. 특히 물이 많이 부딪히는 곳일수록 이산화탄소가 더 빨리 빠져나간다. 이는 앞에서 말했듯이 콜라를 흔들면 거품이 생기면서 이산화탄소가 빠져나가는 것과 같은 원리다. 물에서 이산화탄소가 빠져나가면 물은 그만큼 탄산칼슘에 대한 포화도가 증가하고, 그 결과로 광물이 성장하는 것이다. 그리하여 가장자리에 둑과 같은 것이 자라기 시작하면 흘러 내려가는 물은 항상 둑을 넘어야 하기 때문에 둑의 안쪽에는 광물이 집중적으로 침전하게 된다. 휴석의 각 층에서 이러한 현상이 반복되므로 둑의 높이가 거의 일정하게 유지되는 것이다. 휴석을 이루는 둑의 높이는 물의 양보다는 물이 흐르는 바닥의 경사와 밀접한 관련이 있는데, 경사가 클수록 둑의 높이가 높아지고 경사가 작을수록 둑은 낮고 구불구불해진다. 가파른 경사면에 형성된 댐은 보통 경사면의 등고선(같은 높이를 이은 선)을 따라 자란다.

휴석의 또 다른 특징은 휴석소 내에 다양한 형태의 동굴생성물이 자란다는 것이다. 이 가운데 가장 많이 발견되는 것은 단연 동굴산호이다. 또 휴석소 내에 물이 오랫동안 같은 높이를 유지하면 휴석으로부터 물의 표면을 따라 판 모양의 동굴생성물이 자라게 되는데, 이를 '붕암'이라고 한다. 휴석 내에서 작은 암석 조각이 계속 구르면서 그 주위에 광물이 자라면 동굴진주와 비슷하지만 더 울퉁불퉁한 '동굴피솔라이트(pisolite)'가 만들어지기도 한다.

삼척 관음굴 휴석 내의 동굴팝콘

일본 아키요시다이동굴의 휴석 (사진 구라모토)

· 동굴진주

천장에서 물방울이 세게 떨어지면 바닥에 작은 홈이 만들어진다. 이 홈에 작은 암석 조각이 우연히 들어가면 그 조각은 떨어지는 물방울의 힘 때문에 조금씩 움직이게 되고, 암석 조각에 방해석이 침전하면서 점차 둥그스름해진다. 천장으로부터 물방울이 계속해서 떨어지면 암석 조각은 점점 커지고 동시에 홈 안에서 계속 움직이면 주위와 부딪히면서 표면이 반들반들하게 된다. 그 형태와 표면이 보석 진주와 비슷하다고 하여 이 생성물을 동굴진주라고 부른다. 동굴진주가 둥근 모양으로 자라기 위해서는 계속 움직여야 하며, 그렇지 못할 경우에는 동굴진주의 위쪽으로만 자라게 되어 밑 부분은 편평한 모양으로 변할 것이다.

동굴진주가 계속 자라려면 천장으로부터 떨어지는 물의 양과 속도가 어느 정도 일정하게 유지되어야만 한다. 물의 공급량이 줄어들면 동굴진주는 홈 속에서 움직이지 못하고, 그 결과 바닥에 붙어 버리거나 동굴진주 위로 계속 광물이 자라서 석순으로 변할 수 있기 때문이다. 반대로 물의 공급량이 많아지거나 또는 물의 낙하속도가 너무 빨라지면 동굴진주는 홈 밖으로 튕겨져 나와서 더 이상 성장할 수 없다.

간혹 동굴진주의 표면이 거친 것도 발견되는데, 이들은 많이 구르지 못하고 자랐음을 알게 해 준다. 편의상 표면이 반들반들한 것은 동굴진주, 표면이 거친 것은 '동굴피솔라이트' 라고 부른다. 동굴진주는 반드시 홈과 같이 제한된 공간에서만 자라지만 동굴피솔라이트는 휴석을 만드는 물, 즉 흐르는 물 속에서 자라는 것이 보통이다.

미국 레추기아동굴의 동굴진주 (사진 데이브 버넬)

· 월유

월유는 마른 상태에서는 밀가루처럼, 젖은 상태에서는 밀가루 반죽처럼 보이는 동굴생성물이다. 주로 흰색을 띠며, 아주 작은 크기의 광물 결정으로 이루어져 있다. 말라서 굳은 상태에서는 마치 동굴산호처럼 혹 모양을 보여주기도 한다.

월유가 만들어지는 원인은 크게 두 가지로 생각된다. 하나는 동굴 내로 들어온 물이 증발하여 광물이 침전하면서 만들어지는 경우이고, 다른 하나는 박테리아와 같은 미생물에 의해 만들어지는 경우이다. 그래서인지 외국에서는 월유 속에서 다양한 미생물이 발견되기도 하였다.

월유는 전 세계의 여러 석회동굴에서 발견되지만, 주로 습도가 낮고 물이 별로 없는 건조한 동굴에서 많이 볼 수 있다. 기후가 습한 지역에서 생기는 월유는 주로 방해석이나 아라고나이트로 이루어져 있다는 것을 알 수 있는데, 건조한 지역에서는 주로 석고나, 암염, 혹은 인산염광물, 규산염광물 등 다양한 광물로 이루어져 있음을 볼 수 있다. 대체로 월유는 가루 상태로 나타나기 때문에, 고배율의 현미경을 이용하면 월유를 구성하고 있는 광물 결정의 형태를 매우 쉽게 관찰할 수 있다.

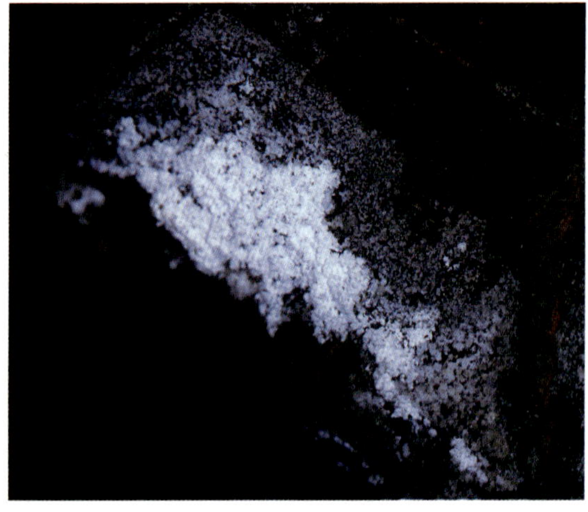

강릉 옥계굴의 벽면에 자란 월유

한편, 월유와 비슷하지만 동굴 내부의 물이 마르고 건조해지면서 형성되는 동굴생성물로 '동굴가루'가 있다. 월유의 내부에 약간의 습기가 있는 것과는 달리 동굴가루의 내부에는 물기가 전혀 없다.

· 동굴방패

동굴방패는 주로 동굴의 벽이나 천장에 살짝 붙어 있으며, 한쪽 면은 편평하고 다른 쪽 면은 볼록한 방패 모양을 하고 있다. 보통 동굴방패는 암석의 내부로부터 연결된 틈에서, 동굴의 천장이나 벽면으로 물이 스며 나와 광물이 침전하면서 만들어진다. 동굴방패가 처음 자랄 때는 천장과 떨어져 있지만, 점차 둥그스름한 판이 가장자리를 향해 나이테와 같은 성장선을 그리며 자란다.

동굴방패가 자란 후에도 계속 물이 공급되면 방패의 아래쪽에 종유석이나 커튼 같은 동굴생성물이 자라는 것이 보통이다. 동굴생성물이 동굴방패의 아래쪽에서 계속 자라면, 이 동굴생성물의 무게 때문에 동굴방패가 점점 기울어져서 경사진 형태를 보인다.

국내의 석회동굴에서는 동굴방패가 많이 발견된다. 예전에 호주의 한 동굴학자가 우리 나라를 방문하여 여러 석회동굴을 같이 다닌 적이 있는데, 단양의 고수동굴에 갔을 때 동굴방패가 상당히 많은 것에 대해 매우 놀라워했다. 그는 호주에 수천 개의 석회동굴이 있어도 지금껏 동굴방패는 여섯 개밖에 보지 못했는데, 고수동굴에만 여섯 개 이상의 동굴방패가 있으니 무슨 영문인지 모르겠다고 말했던 적이 있다.

삼척 관음굴의 동굴방패

(4) 기타 동굴생성물

· 부유방해석

부유방해석은 대개 휴석소나 호수와 같이 고여 있는 물의 표면에서 만들어진다. 물의 표면에 가루 같은 것들이 떨어지고, 그 후에 점차 물이 증발하면서 가루 주위에 방해석이 자라게 된 것이다. 부유방해석이 자라서 크기가 커지면 무게 때문에 바닥으로 가라앉는다. 국내에서는 삼척의 초당굴과 영월의 고씨굴에서 부유방해석이 보고되었다.

삼척 초당굴의 휴석소에서 자란 부유방해석

· 박스웍

박스웍은 동굴생성물로 알려져 있지만 엄밀히 말하면 동굴생성물
이 아니라 석회암이 차별적으로 녹은 것이다. 보통 지각운동이 일
어나면 암석은 압력을 받게 되고, 그 결과 석회암에도 많은 틈이
만들어진다. 그런데 이 틈을 따라 지하수가 흐르면서 내부에 방해
석이나 다른 광물이 자라서 채워지는 경우가 많다. 이런 틈을 가
진 석회암에 동굴이 만들어지고 이 동굴 속에 지하수가 흐르면,
석회암은 잘 녹고 틈 속의 광물은 성분이 달라 덜 녹아서 마치 커
다란 벌집과 같은 형태를 만들게 된다. 이런 생성물을 박스웍
(boxwork)이라 한다.

정선 연포굴의 박스웍

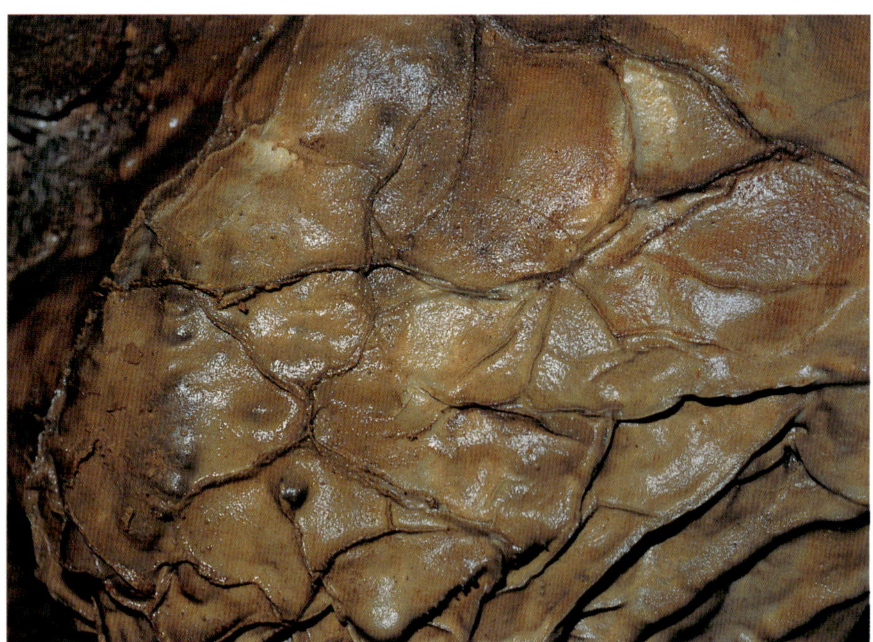

· 동굴기포

동굴기포는 얇은 껍질로 되어 있고 껍질의 가운데에 작은 구멍이 있는 동굴생성물이다. 주로 동굴의 벽면에서 발견되지만 종유석 같은 다른 동굴생성물 위에서 자랄 수도 있다.

동굴기포는 동굴의 외부에서 천장으로 유기물이 포함된 토양이 유입될 때 이 토양 주변에 광물이 침전하고 유기물이 분해되어 가스가 빠지면서 구멍이 만들어진다.

영월 용담굴의 동굴기포

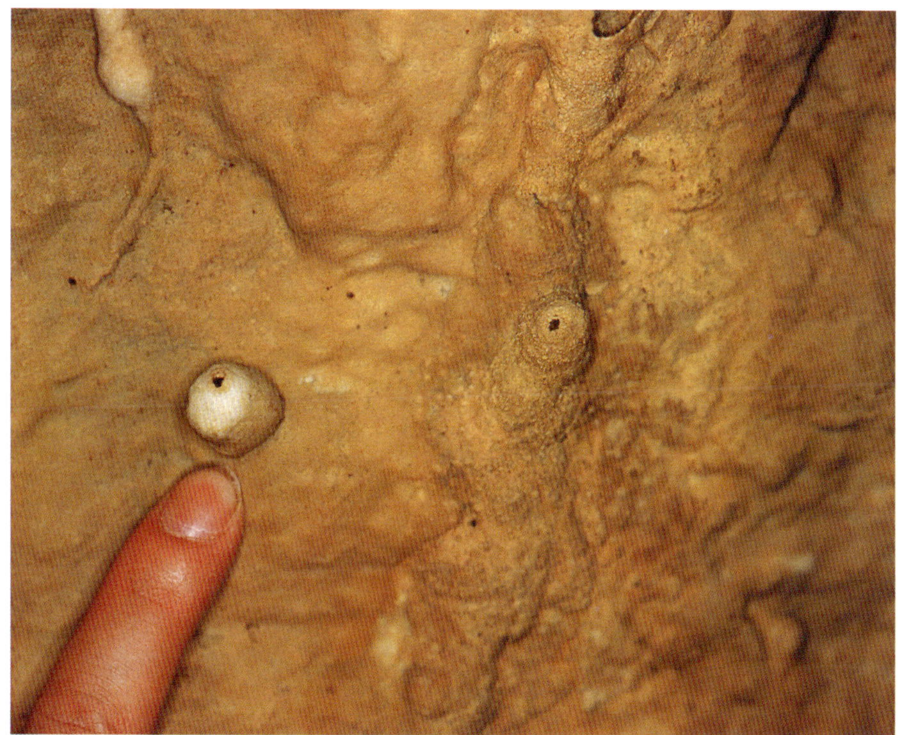

· 동굴풍선

동굴풍선은 얇은 막으로 되어 있으며, 둥근 비닐 주머니에 공기가 들어 있는 것처럼 보인다. 이 생성물은 매우 얇아서 자칫하면 금방 부서질 수도 있다. 동굴풍선을 이루는 광물은 다양하지만 어떻게 해서 이 생성물이 만들어지는지는 정확하게 알 수 없다.

· 동굴콘

동굴콘은 동굴 바닥에 진흙과 같은 퇴적물이 마치 고깔 같은 형태를 보이며 만들어진 동굴생성물이다. 천장에서 물방울이 떨어지면서 퇴적물에 홈이 생기고, 그 홈의 둘레에 얇은 막의 생성물이 속이 빈 채 위를 향해 자란 것이다.

· 동굴컵

동굴컵은 휴석소와 같이 물이 고인 곳에서 깔때기 모양으로 자란 동굴생성물이다. 보통 지름이 10센티미터 정도이며, 두께는 1~2센티미터 정도이다.

동굴컵이 위로 벌어진 형태를 보이는 것은, 동굴컵의 가장자리가 고여 있는 물의 표면에서 만들어지기 때문에 수면이 점점 올라가면서 수면에서 광물이 침전했다는 것을 알려준다.

· 붕암

붕암은 동굴 속 호수나 휴석소와 같이 물이 고여 있는 곳에서 만들어지는 생성물이다. 붕암은 물의 표면에서 호수의 둘레로부터 가운데를 향해 편평한 판의 형태로 자라며, 두께가 수십 센티미터에 이르기도 한다.

　현재 동굴에 물이 없더라도 붕암을 보면 과거 동굴 속에 물이
있었으며, 당시 물의 깊이나 수면의 위치를 짐작할 수 있다.

단양 천동굴의 붕암

· 동굴수지

동굴수지는 호수에서 붕암이 자랄 때 붕암 밑에 마치 종유석처럼
아래를 향해 자라는 동굴생성물이다. 마치 손가락처럼 생겼다고
해서 동굴수지라 부른다. 국내에서는 고씨굴의 미공개 구간에서
이 동굴생성물이 유일하게 보고된 적이 있다.

영월 고씨굴의 동굴수지

 동굴탐험 특이한 동굴생성물

호주 시드니의 블루마운틴(Blue Mountain) 주립공원은 경치가 아름답고 보존가치가 뛰어나서 유네스코(UNESCO)의 세계자연유산으로 선정된 곳이다. 이곳에 있는 제놀란 석회동굴은 세 방향에서 흐르는 하천이 만나는 지역에 발달하고 있어서 아주 짧은 거리 안에 매우 긴 동굴이 복잡하게 얽혀 있다. 그 중 몇 개의 동굴에는 빛이 들어가는 입구에 마치 가재등 모양의 신기하게 생긴 동굴생성물이 발견되는데 이 동굴생성물은 박테리아의 영향으로 만들어진 것으로 보고되었다.

호주 제놀란동굴에 있는 가재등 모양의 동굴생성물

(5) 동굴생성물을 이루는 물질

동굴생성물은 동굴 속에서 만들어지는 화학적인 침전물이다. 물론 동굴생성물의 일부가 미생물의 영향으로 만들어진다고 주장하는 학자들도 있지만, 대부분의 학자들은 동굴생성물이 순수한 화학작용으로 만들어진다고 생각하고 있다. 즉 동굴 속의 물이 어떤 특정한 광물에 대해서 과포화상태에 이르면 그 광물이 화학적으로 침전하면서 만들어진다는 것이다.

전 세계의 자연동굴 속에서 발견된 광물은 약 250종이 넘는 것으로 알려져 있다. 이 가운데 일부는 외부로부터 들어온 광물이지만, 동굴이라는 특이한 환경에서 직접 만들어지는 광물도 많이 있다. 그러나 실제로 동굴생성물을 이루는 주된 광물은 탄산칼슘 성분의 방해석과 아라고나이트 두 종류이다. 대개 하나의 동굴생성물은 하나의 광물로만 이루어지지만, 어떤 경우에는 한 동굴생성물에 두 광물이 함께 발견되기도 한다. 어떤 동굴에 어떤 광물이 만들어지는지, 아니면 동굴 내의 어떤 지점에 어떤 광물이 만들어지는지는 아직 완전히 풀리지 않고 있다. 학자들을 더욱 곤혹스럽게 만드는 것은, 한 동굴 내에서도 한 지점에서는 아라고나이트로 이루어진 동굴생성물이 자라고 몇 미터 떨어진 곳에서는 방해석으로 이루어진 동굴생성물이 자란다는 사실이다.

동굴탐험 같은 성질을 가진 다른 광물

방해석과 아라고나이트는 탄산칼슘이라는 같은 성분으로 이루어져 있지만 내부의 구조는 다르게 나타난다. 이처럼 두 광물이 성분은 같지만 원자배열의 구조가 다를 때는 각각 독특한 화학적 성질을 가지게 된다.

　그렇다면 이렇게 서로 비슷한 석회동굴 내에서 다른 광물이 만들어지는 이유는 뭘까. 일반적으로 아라고나이트가 성장하기 위해서는 물 속에 방해석이 필요로 하는 것보다 더 많은 칼슘이온과 탄산염이온이 있어야 한다. 외국의 한 학자는 물 속에 마그네슘이 많아지면 방해석이 자라지 못하고 아라고나이트가 자란다는 학설을 주장하기도 하였다. 한 동굴 속에서 왜 방해석이나 아라고나이트가 각각 그리고 동시에 자라는지 정확히 알 수 없지만, 일반적으로 방해석과 아라고나이트는 생성되는 위치나 물의 화학성분, 동굴 내의 온도나 습도, 동굴 내에 공급되는 물의 양, 동굴 주변의 석회암의 성분 등에 따라 매우 다양하게 나타난다고만 알려져 있다.

　한편 방해석이나 아라고나이트 외의 다른 광물도 지하수의 성분과 특이한 동굴환경에 따라 석회동굴에서 만들어질 수 있다. 미국의 레추기아동굴은 석고로 이루어진 아름다운 동굴생성물이 대규모로 분포하고 있어서 미국에서 가장 아름다운 동굴로 알려져 있다. 이는 황산염을 많이 포함한 지하수가 동굴 아래에서 동굴로 유입되고, 빗물이 땅으로 스며든 지하수와 만나서 석고로 된 동굴생성물을 만들어 낸 것이다.

방해석

아라고나이트

미국 레추기아 석회동굴에서 자란
석고생성물(사진 피터 존스)

· 동굴생성물의 여러 가지 색

같은 광물이라도 서로 색이 다르면 보통 그 광물을 구성하고 있는 성분이 다를 것이라고 생각하기 쉽다. 예를 들어 우리에게 잘 알려진 자수정이나 연수정은 모두 같은 수정이지만 서로 다른 색을 보인다. 그러나 자수정과 연수정은 모두 규소와 산소라는 두 가지의 원소로 이루어져 있으며 아주 적은 양의 다른 성분이 포함되어 있기 때문에 이들의 색이 완전히 달라지는 것이다. 다른 성분을 포함하지 않은 수정은 방해석이나 아라고나이트처럼 무색이거나 흰색을 띤다.

석회동굴에서 동굴생성물을 형성하고 있는 광물이 아주 순수한 방해석 또는 아라고나이트라면 동굴생성물은 투명하거나 흰색을 띤다. 흰색을 띠는 경우는 동굴생성물 내에 다른 물질이 많이 포함되어서 빛이 산란된 결과이다. 방해석이나 아라고나이트 내에 미량의 다른 원소나 물질이 포함되면 동굴생성물의 색은 완전히 달라지는데, 대부분의 경우 토양으로부터 공급되는 유기물의 양과 유기물에 포함되어 있는 원소의 성분에 따라 달라진다고 한다. 즉 동굴 밖에 비가 많이 와서 동굴로 유입되는 지하수 속에 진

동굴탐험 광물이 품고 있는 물질

광물 속에 물이나 다른 광물이 포함되어 있는 것을 '포유물' 이라고 하는데, 광물이 물 속에서 자랄 때 다른 물질이 광물 표면에 붙어서 자라기도 하고, 또 광물의 결정이 자라는 속도가 서로 달라서 물이 광물 속에 남아 있기도 한다. 이런 포유물이 액체면 유체포유물, 고체면 고체포유물이라고 한다.

흙 성분이 포함되어 있으면 동굴생성물의 색이 짧은 기간에 갈색으로 모두 변할 수도 있다. 진흙은 점토광물이라는 광물로 되어 있지만 흙 속에는 유기물도 포함되어 있기 때문에 흑색, 회색, 황색, 갈색, 적색 등 다양한 색을 나타내게 된다.

그런데 일부 원소는 동굴이 있는 석회암으로부터 직접 공급되거나 아니면 먼 거리에서 동굴까지 흘러 들어와 지하수에 포함되었을 수도 있다. 일반적으로 미량의 원소가 동굴생성물의 색에 미치는 영향은 다음과 같다. 소량의 납과 아연, 철, 망간이 포함되어 있으면 연한 황색을 띠고, 구리가 포함되어 있으면 녹색이나 청색을 띤다. 산화철이 포함된 경우에는 그 양에 따라 색이 달라지지만 주로 갈색을 띤다. 망간의 양이 많으면 흑색이나 회색을, 니켈의 양이 많으면 황색을 띠게 된다. 또한 니켈, 마그네슘, 규소의 양에 따라 녹색을 보이기도 한다.

그런데 일부 학자들은 위에서 말한 것처럼 공급된 원소에 의해 동굴생성물의 색이 변할 수도 있지만 대부분의 경우에는 동굴생성물의 색이 전적으로 외부로부터 유입된 유기물 때문이라고 주장하기도 한다.

한편 동굴생성물의 단면을 보면 표면과 내부의 색과 매우 다른 경우도 있다. 또 종유석 하나에도 많은 성장선이 보이며, 각 성장선은 포함된 성분에 따라 다양한 색을 띠기도 한다. 이러한 현상은 종유석이 자랄 당시에 어떤 성분이 지하수를 통해 공급되었는지를 알려주며, 또한 과거 동굴 주변의 기후를 추적할 수 있는 단서가 되기도 한다.

이탈리아 프라사시동굴의 흰색 동굴생성물 (사진제공 프라사시동굴)

영월 고씨굴의 검은색과 흰색의 유석

평창 섭동굴의 갈색 유석

정선 하미굴의 청색 동굴생성물

(6) 동굴생성물의 내부

앞에서 동굴생성물이 주로 방해석과 아라고나이트라는 두 종류의 광물로만 이루어져 있다고 했으므로 동굴생성물의 내부도 매우 단순할 것이라 생각하기 쉽다. 하지만 이 광물들은 어떤 조건에서 성장했느냐에 따라 내부 모습이 달라진다. 그래서 보통 광물이 자란 모습을 이해하고, 자란 모습과 동굴생성물의 모양이 어떤 관계가 있는지 알기 위해 박편을 만들어서 관찰한다.

동굴산호의 단면. 가지 모양을 보인다.

일반적으로 동굴생성물을 형성하는 광물이 물 속에서 침전할 때, 물 속에 광물을 자라게 하는 칼슘이온과 탄산염이온이 얼마나 포함되어 있느냐에 따라 광물의 성장속도와 모양이 달라진다. 이온이 많을수록 광물은 빨리 자라고 광물의 형태도 길고 가늘게 나타난다. 왜냐하면 이온의 양이 적은 곳에서는 그만큼 광물이 듬성듬성 자라기 때문에 폭이 두껍게 되지만, 이온의 양이 많아 광물이 여러 지점에서 자라면 옆에서 자라는 광물과 만나게 되어 바닥에서 수직 방향으로 자라는 광물만이 남게 되기 때문이다.

이처럼 박편은 동굴생성물이나 석회암을 이루고 있는 광물 결정 각각의 모양과 결정들이 배열되어 있는 모습이나 관계 등 암석의 조직을 알게 해 준다. 동굴생성물의 조직은 아주 폭이 가늘고 긴 침상이나 섬유상 조직, 약간 폭이 두껍고 긴 칼날상 조직, 길이와 폭이 서로 비슷한 등립질 조직으로 구분한다. 여기서 섬유상 조직이 가장 빨리 자란 것이며, 등립질 조직이 가장 늦게 자란 것이다.

　침상의 조직은 보통 석화에서 잘 나타난다. 하지만 석화는 물에서 자라는 것이 아니기 때문에 석화가 빨리 자랐다고 말하지는 않는다. 보통 석화는 벽면에서 스며 나오는 물이나 대기중의 수증기가 붙어서 자라는데, 석화가 뾰족한 모양을 보이는 것은 아라고나이트라는 광물이 침상으로 자라는 특성이 있기 때문이다.

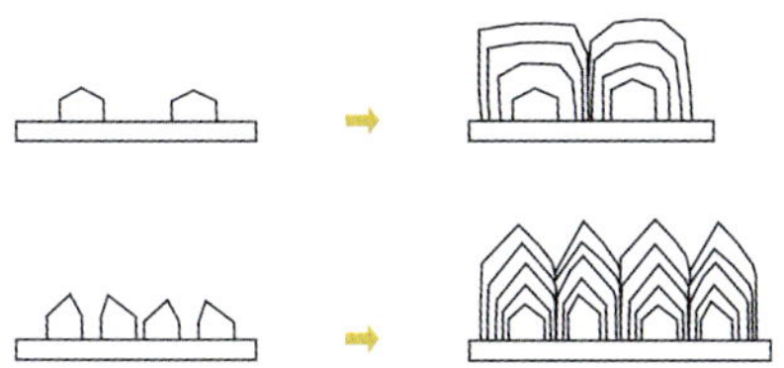

· 결정이 만들어지는 과정

결정들이 길게 자란 섬유상 조직.

한 지점에서 여러 방향으로
자란 섬유상 조직.

섬유상 조직을 보이는 종유석에
성장선이 반복하여 나타난다.

섬유상 조직보다 더 느리게 자라는
칼날상 조직의 방해석 결정들.

원래 아라고나이트로 자랐다가
방해석으로 변한 조직.

· 동굴생성물의 진화

한 종류의 동굴생성물이 자라다가 주변의 환경이 바뀌어서 다른 동굴생성물로 변하는 것을 동굴생성물의 진화라고 한다. 동굴생성물이 진화하는 것은 물론 한 종류의 동굴생성물이 만들어지고 자라던 환경에서, 다른 동굴생성물이 자랄 수 있는 환경으로 바뀌면서 가능하다. 이런 과정에 가장 많은 영향을 주는 요인도 역시 물의 공급량의 변화라고 할 수 있다.

가장 쉬운 예로, 천장에 물방울이 맺혀 있기만 하던 지점에서 물의 양이 많아져 물방울이 떨어지기 시작하면 종유석으로 진화한다. 또 종유석이나 석순에 더 이상 물이 공급되지 않으면 이들 위에 동굴산호가 자란다. 강릉 옥계굴에서는 이러한 동굴생성물의 진화가 잘 나타난다. 동굴이 점점 건조해지면서 동굴 벽에서 자라던 동굴산호 위에 석화가 자라고, 그 위에 다시 월유가 자란 것을 볼 수 있다. 이는 동굴 벽에서 공급되던 물의 양이 점차 줄어들고, 따라서 습도도 낮아져 물이 증발하면서 동굴생성물이 진화한 결과이다. 물이 많이 흐르는 곳에서 자라던 유석에 더 이상 물이 흐르지 않으면 동굴산호나 곡석이 자라기도 하고, 물방울이 유석 위로 떨어지면 유석 위에 석순이 자라기도 한다.

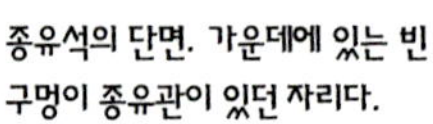

종유석의 단면. 가운데에 있는 빈 구멍이 종유관이 있던 자리다.

동굴생성물의 다양한 형태

동굴 안에는 여러 종류의 동굴생성물들이 각기 독특한 모양으로 자라고 있다. 그런데 같거나 다른 종류의 여러 동굴생성물들이 서로 다른 형태를 보이는 것은, 동굴생성물이 자라는 위치나 동굴생성물을 자라게 하는 물의 양과 속도, 동굴 내의 습도, 바람, 석회암의 상태, 그리고 동굴 속의 지형 등 다양한 동굴환경의 영향을 받기 때문이다. 하지만 이 가운데서도 동굴생성물의 종류와 형태를 결정하는 가장 중요한 요인은 물의 공급량이다.

동굴 내로 들어오는 물이 많아져서 벽면을 타고 흘러내릴 때는 주로 유석이 자라고, 물이 동굴 바닥을 흐르면 유석이나 휴석과 같은 동굴생성물이 만들어진다. 천장에서 물이 공급될 때, 벽면의 경사면을 따라 흐르면 커튼이 만들어진다. 물의 공급량이 줄어들어서 물방울이 떨어지는 곳에서는 종유석과 석순, 석주가 자라고, 석순이 자라기 전에 바닥에 홈이 파여 다른 암석 조각이 굴러 들어오면 동굴진주가 만들어진다. 하지만 물이 매우 적어 물방울로만 맺힐 때는 종유관이 자란다. 그런데 실제로 석회암에는 눈에 보이지도 않을 정도로 작은 크기의 공간(공극이라고 한다)을 통해 물이 스며 나오기도 하는데, 이럴 때는 곡석이나 석화, 동굴산호와 같은 동굴생성물이 자랄 수 있다.

한편, 물의 공급량이 비슷해도 동굴 내의 공기나 물의 화학성분에 따라 동굴생성물을 만드는 광물의 종류가 달라질 수 있다. 이 광물들은 서로 자라는 형태가 다르며, 이 영향으로 동굴생성물의 형태도 달라진다.

영월 용담굴의 석순에서 자란 동굴산호

그러면 왜 같은 동굴 속에서 동굴환경이나 물의 공급량이 변하는 걸까. 이에 대해 학자들은 두 가지 원인으로 추측한다.

우선 동굴 주변의 기후의 변화를 들 수 있다. 미국의 한 동굴학자는 미국 뉴멕시코 주의 칼스배드동굴에 있는 동굴산호의 단면을 조사하여 매우 재미있는 결론에 도달하였다. 그 동굴산호의 밑

단양 에덴굴의 종유석 위에 자란 석화

부분에서 방해석이 자라다가, 그 위에 침 모양의 아라고나이트, 그리고 마지막으로 가루 상태의 월유가 차례로 자란 것을 관찰한 것이다. 그래서 그는 한 동굴생성물로부터 다른 동굴생성물로 진화한 것은 동굴생성물이 자라는 동안 동굴 밖의 기후가 변했기 때문이라고 추측할 수 있었다. 즉 방해석은 습윤한 기후를, 월유는 건조한 기후를 가리키기 때문이다. 따라서 동굴생성물의 변천과정을 조사하면 과거의 동굴 밖 기후의 변화를 추측할 수 있으며, 나아가서는 그 지역을 비롯한 전 세계의 기후변화도 알아낼 수 있다.

또 다른 원인으로 동굴 자체의 형성과정을 들 수 있다. 이미 말한 바와 같이 석회동굴은 주로 지하수면 근처에서 만들어지며, 동굴이 만들어지는 초기 단계에서는 동굴이 지하수면 근처에 있기 때문에 동굴 내에 많은 양의 물이 공급되는 것이 일반적이다. 하지만 동굴을 포함한 주변 산의 계곡이 깊어지고 지하수면이 아래로 내려가면 동굴의 천장이나 벽면에서 동굴로 공급되던 물의 양이 줄어들게 된다. 이러한 현상을 '동굴의 노화(老化)'라고 부른다. 동굴의 노화는 예전에 있던 동굴생성물 위에 다른 종류의 동굴생성물이 자랄 수 있게 한다. 단적인 예로 삼척의 초당굴은 동굴의 노화 단계를 잘 보여주고 있다. 초당굴은 모두 세 개의 층으로 이루어져 있는데 맨 아래층의 수로에는 많은 양의 지하수가 흐르고 있다. 이 층은 현재 동굴이 만들어지는 과정에 있기 때문에 동굴생성물이 거의 발견되지 않는다. 중간층은 현재 활발히 물이 떨어지거나 흐르고 있어서 동굴생성물이 많이 자라고 있다. 하지만 맨 위층은 물이 거의 들어오지 않으며 따라서 동굴생성물의 성장도 거의 멈춘 상태이다.

세계에서 가장 긴 동굴

세계에서 가장 긴 동굴은 미국의 켄터키 주에 있는 매머드동굴이다. 동굴의 총 길이는 약 579킬로미터에 이르는데, 지금도 탐사를 계속하고 있으므로 길이는 더 늘어날 가능성이 높다.

매머드동굴의 내부 모습(사진제공 매머드동굴 국립공원)

세계에서 가장 긴 석고동굴은 우크라이나의 옵티미스티체스카야동굴이며 총 길이는 약 214킬로미터이다. 또 세계에서 가장 긴 용암동굴은 하와이의 카주무라동굴로 총 길이는 65.5킬로미터이다. 우리 나라에서 가장 긴 동굴은 삼척에 있는 환선굴로, 그 길이는 10킬로미터 이상으로 추정된다.

세계에서 가장 깊은 동굴

세계에서 가장 깊은 동굴은 러시아의 그루지아에서 발견된 보로냐동굴이다. 이 동굴은 수직동굴로 깊이가 1.71킬로미터에 이른다고 한다.

하나의 수직통로로서 가장 깊은 동굴은 오스트리아의 휠렌휠레동굴인데 그 깊이는 450미터에 이른다고 한다. 우리 나라에서 가장 깊은 동굴은 정선의 유문동수직굴로 깊이는 184미터이다.

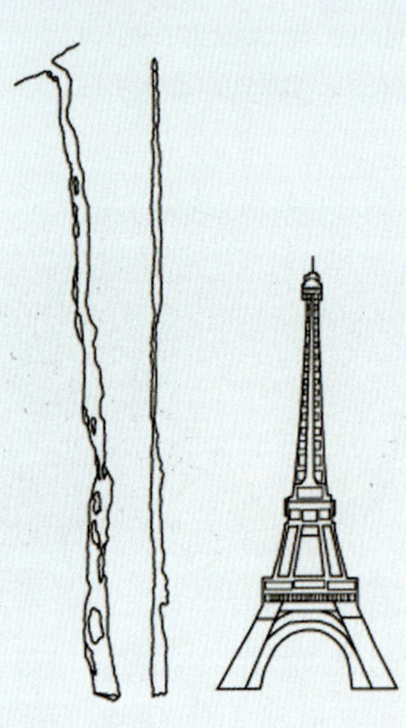

휠렌휠레동굴의 측량도

거대한 협곡이 있는 동굴

슬로베니아의 스코치안동굴 안에는 100미터나 되는 거대한 협곡이 있다. 유네스코에서는 이 동굴을 보호하기 위해 세계자연유산으로 선정하였다.

동굴에 사는 생물들

지구상에는 생명의 기원을 추적할 수 있는 단서들이 오래된 암석에서 발견되는데, 이 가운데 무려 35억 년의 나이를 가진 암석 속에서 생명체의 흔적이 발견되었다. 물론 생물 자체가 암석 속에 남아 있던 것은 아니지만 박테리아와 같은 미생물이 살았던 흔적이 있기 때문에 학자들은 35억 년 전에도 지구상에 생명체가 분명히 존재하고 있었다고 믿고 있다. 지구에 생명체가 나타난 이래 현재까지 오랫동안 여러 종류의 생물로 진화했으며, 그리하여 지구상에 존재하는 생물들은 수천 미터의 높은 지대에서부터 바다 속 깊은 곳까지 아주 다양한 환경에 적응하여 살고 있다.

그런데 생물이 살고 있는 환경 가운데 매우 특이한 환경이 바로 동굴이다. 완벽한 암흑의 세계에 적응하여 살 수 있는 생물은 그리 많지 않다. 그럼에도 불구하고 빛이 없는 환경에 살게 된 이 생물들은 외부의 생물들과는 뚜렷이 구별되는 몇 가지 특징을 갖게 되었다.

지구상의 모든 생물이 살아가기 위해 가장 중요한 것은 바로 먹는 것과 먹히지 않는 것, 그리고 자손을 번식하는 것이라고 할 수 있다. 이 가운데 지구상의 모든 동물이 먹는 먹이를 따라가다 보면 결국 광합성을 하는 식물에 이르게 된다. 대기의 이산화탄소와 햇빛을 이용해 광합성을 하여 무기물로부터 유기물을 만드는 식물로부터 지구상 모든 생물의 먹이사슬이 시작되는 것이다. 그러나 빛이 전혀 들지 않는 동굴에서는 식물이 자랄 수는 없으며 따라서 일반적인 먹이사슬도 전혀 적용되지 않는다.

그렇다면 동굴 속에서 살아가는 동물들은 어디서 어떻게 먹이를 구할까. 동물들의 먹이는 몇 가지 경로를 통해 유입되는 것으로 보인다. 동굴을 탐사하다 보면 박쥐의 배설물인 구아노(guano)와, 구아노의 주위에 모여 있는 동물들을 쉽게 만날 수 있다. 즉 동굴 밖으로 나가지 않는 동물들은 박쥐의 배설물을 통해 유기물을 섭취하는 것이다. 이 외에도 동굴 속을 흐르는 지하수를 통해 외부로부터 먹이가 될 만한 플랑크톤이나 다른 유기물이 유입되기도 한다. 또한 동굴 입구 주변에 있는 낙엽과 같은 유기물들이 동굴 속으로 들어오기도 한다. 이렇게 먹이를 구하기가 어렵다 보니 동굴 속에 사는 동물들은 아주 오랫동안 먹이를 먹지 않아도 살아갈 수 있다. 만약 박쥐나 다른 동물이 동굴 속에서 죽기라도 하는 날이면 동굴 속의 동물들에게는 성대한 잔치가 벌어진 것이나 다름이 없다.

또 동굴 안에서는 아무 것도 보이지 않기 때문에 동물들의 눈이 퇴화하고, 그 대신 물체를 감지할 수 있는 더듬이가 길어지거나 촉각이 발달하였다. 그리고 빛이나 적으로부터 몸을 보호해야 할 필요가 없으므로 몸 색깔은 하얗게 변하였다. 동굴에 적응하여 오랫동안 살아온 동물은 같은 종이라 하더라도 몸의 형태가 동굴 바깥에서 사는 것과 크게 달라진 것도 있다.

이렇게 컴컴한 동굴에 사는 동굴생물은 동굴이라는 환경에 적응한 정도와 생활하는 방식에 따라 진동굴성, 호동굴성, 그리고 외래동굴성 동물로 구분할 수 있다.

우선 진동굴성 동물은 동굴환경에 완전히 적응한 동물로 일생을 동굴에서 보낸다. 이 동물의 특징은 몸의 색이 완전히 흰색을 띠고, 눈이 없거나 거의 퇴화하여 아주 작다. 즉 진동굴성 동물은 동굴 밖에서는 더 이상 살 수 없는 상태로 진화한 것이다. 여기에 속하는 동물로는, 동굴에 사는 물고기류와 새우류, 일부 도롱뇽, 그리고 여러 곤충류가 있다. 특히 슬로베니아의 포스토이나동굴 에는 매우 특이한 형태의 도롱뇽이 살고 있는데, 이 도롱뇽은 물고기가 아니지만 피부의 색깔이 인간의 살색과 같아서 '인간물고기(human fish)' 라 불린다. 진동굴성 곤충으로 유명한 갈르와벌레는 수억 년 전부터 동굴 속에서 살아온 것으로 알려져 있다. 진동굴성 곤충은 다리가 길고 껍질이 얇은 것이 특징이다.

진동굴성 동굴물고기(사진 더글라스 엘포드)

갈르와벌레(사진 최용근)

외국 동굴에 사는 동굴가재

호동굴성 동물은 동굴 내부의 어두운 곳에서도 살지만 흙 속이나 바위 밑 등 동굴 밖의 어두운 곳에서도 살 수 있는 동물이다. 어떤 호동굴성 동물들은 완전히 동굴 속에서만 생활하기도 하지만, 같은 종이 동굴 밖에서 살고 있는 경우도 있다. 눈은 완전히 퇴화하지 않았으며, 몸의 색도 완전히 탈색되지 않았다. 대표적인 호동굴성 동물로는 일부 도롱뇽과 딱정벌레류, 곱등이나 거미와 같은 절지동물류, 그리고 노래기류가 있다.

외래동굴성 동물은 주로 동굴 바깥에서 생활을 하지만 특수한 목적으로 동굴 속으로 들어와서 생활하는 동물을 말한다. 안과 밖을 왕래하며 생활하는 대표적인 동물로는 박쥐를 들 수 있겠는데, 일부 박쥐는 추운 겨울 동안만 동굴에서 머무르기도 한다. 겨울에 동굴에서 겨울잠을 자기 위해 들어오는 동물은 곰, 다람쥐, 뱀 등이 있으며 스컹크나 나방류, 모기류, 거미류도 외래동굴성 동물에 포함시키기도 한다.

세 종류의 동굴생물 가운데 진정한 동굴생물은 진동굴성 동물과 호동굴성 동물이라 할 수 있다. 동굴 속에는 위의 동물들 외에도 박테리아나 균류와 같은 미생물이 살고 있으며, 미생물을 연구하는 학자들은 동굴처럼 특이한 환경에서 발견되는 미생물에 대해 활발한 연구를 하고 있다.

가끔 일반인들에게 개방되지 않은 여러 석회동굴들을 탐사하다 보면 멀리 떨어진 동굴에서 비슷한 형태로 진화한 동물들을 보게 되는데, 어떻게 먼 거리를 이동할 능력도 없는 약한 동물들이 여러 동굴에서 동시에 발견될 수 있으며 언제부터 이런 동굴 속에서 살기 시작했는지 무척 궁금해진다. 학자들은 여러 동굴에서 비숫한 종류의 생물들이 발견되는 것은, 안과 밖을 날아다니는 박쥐 때문이었을 거라고 생각하고 있다. 그러나 이 문제는 아직 많은 과학자들에게 숙제로 남아 있다.

· 동굴 생물의 대명사-박쥐

지구상에는 1천 종 이상의 많은 박쥐가 살고 있으며, 이러한 종류는 모든 포유동물의 약 4분의 1에 해당한다. 크기도 손바닥보다 작은 것에서부터 약 1미터에 이르는 것도 있다. 박쥐는 사람들이 생각하는 것처럼 무시무시한 동물이 아니라 우리에게는 매우 유익한 동물이다. 낮에는 주로 동굴 같은 곳에서 자다가 저녁이 되면 밖으로 나와서 수많은 해충을 잡아먹는다. 박쥐는 하루 저녁에 자기 몸무게의 반 정도를 먹을 수 있다고 하니 참으로 식성이 좋은 동물이다.

박쥐들 중에는 나무 위에서 과일을 먹고 사는 것도 있고, 꽃을 찾아다니면서 꽃 속의 즙을 빨아먹거나 꽃가루를 핥아먹는 것도 있다. 이러한 박쥐들은 자연환경이 유지되는 데 무척 중요한 역할을 하는 것으로 알려져 있다. 과일을 먹는 박쥐가 과일을 먹고 날다가 씨를 다른 곳에 떨어뜨려서 다른 곳에서 과일나무가 자랄 수 있게 하고, 꽃을 찾는 박쥐들이 꽃가루를 옮겨서 열매를 맺게 한다. 어떤 꽃은 박쥐의 이러한 특성을 이용하기 위해 밤에만 꽃을 피운다니 참으로 특이하다고 할 수 있다.

사실 우리에게 무시무시한 존재로 알려진 흡혈박쥐는 동물의 피를 먹기는 하지만 전혀 위험한 동물은 아니다. 흡혈박쥐는 주로 소, 말, 돼지와 같은 가축의 피만 먹는다. 흡혈박쥐들은 주로 따뜻

한 라틴아메리카에서만 살고 있으며 우리 나라에는 살지 않는 것
으로 알려져 있다. 흡혈박쥐가 사는 지역에서는 박쥐가 가축들의
피를 먹어 농부들에게 피해를 주면서 사회적 문제가
되기도 했는데, 더 큰 문제는 농부들이 모
든 박쥐가 동물의 피를 먹는다고 생
각하여 아무 박쥐나 무조건 잡아
죽인다는 사실이다.

박쥐는 인간이나 소, 말처
럼 포유류에 속한다. 박쥐는
새처럼 날아다니지만 조류가
아니기 때문에 깃털이 없다.
새와 같은 종류도 아닌데 어떻
게 날개가 있을까. 엄밀히 말하면
박쥐의 날개는 새의 날개와는 완전히
다르며 박쥐의 손가락 사이에 있는 막이 날
개의 구실을 하는 것이다. 또 박쥐는 다른 포유류처럼 몸

제주도 용암동굴의 관박쥐

에 털이 있고 새끼를 낳아서 젖을 먹여 기른다. 갓 태어난 새끼는
털이 없지만 자라면서 털이 난다.

여러 동굴을 다니다 보면 박쥐들이 항상 거꾸로 매달려 있는
것을 볼 수 있다. 그들이 거꾸로 매달려 있는 이유를 정확히 알 수
는 없다. 하지만 박쥐는 놀랍게도 힘을 전혀 들이지 않고도 매달
릴 수 있는 발 구조를 가지고 있기 때문에 불필요한 에너지의 소
모를 최대한 줄여서 오랫동안 매달려 있을 수 있다.

박쥐에 대해 무엇보다도 신비로운 점은, 박쥐가 깜깜한 밤이나

동굴 속에서 자유롭게 날아다닌다는 사실이다. 아무리 밤이라고 해도 동굴 밖에는 달빛이나 별빛이 있어서 희미하게나마 사물이 보일 수 있겠지만, 동굴 속은 완벽한 암흑의 세계이기 때문에 실제로 무엇을 볼 수 있다는 것은 전혀 불가능하다. 필자는 랜턴을 켜 놓아도 동굴 천장에 머리를 부딪히기 일쑤인데 말이다. 사실 박쥐는 눈으로 주위를 보면서 나는 것이 아니다. 초음파를 내어 음파가 반사되어 오는 것을 느껴서 주위의 사물들을 구별하는 것이다. 외국에는 박쥐를 보호하기 위해 동굴의 입구에 철망으로 된 문을 단 곳이 많다. 그 철망 하나하나의 크기가 보통 가로 80센티미터, 세로 20센티미터 정도밖에 되지 않지만, 박쥐들이 그 문에 부딪혔다는 말은 들은 적이 없다. 박쥐가 초음파를 내서 사물을 구별해 내는 능력을 과학기술에 응용할 수 있다면 많은 분야에 도움이 될 것이다.

박쥐는 인간에게 매우 유익한 동물이며 또 연구해 볼 만한 가치가 있는 대상이기도 하다. 외국에서는 박쥐의 중요성을 일찍부터 깨닫고 박쥐를 보호하기 위해 많은 노력을 기울이고 있다. 심지어 어떤 나라에서는 다리를 만들 때 박쥐가 살 공간을 고려하여 일부러 다리 밑에 틈을 만들어 둔다고 한다. 이에 비해 우리 나라에서 현재 벌어지고 있는 일들을 생각하면 우리의 현실은 참으로 한심하기만 하다. 약재시장에 가면 한약재료로 쓴다고 박쥐를 무차별적으로 잡아다 팔고 있으며, 일부 지방자치단체에서는 동굴을 보호한다고 동굴 입구를 철판으로 완전히 막아 버려서 박쥐의 씨를 말리고 있으니 그 수준은 말하기도 곤란할 따름이다.

세계에서 가장 넓은 동굴

말레이시아의 물루(Mulu) 지역은 유네스코 세계자연유산으로 선정될 정도로 아름다운 곳이다. 이곳에는 많은 석회동굴이 있으며, 이 가운데 행운동굴 안의 동방(洞房)은 세계에서 가장 넓다. 넓이가 162,700제곱미터에 이르며, 이 넓이는 축구경기장이 일곱 개가 들어갈 수 있는 규모이다. 또한 이 지역에 있는 디어동굴은 세계에서 가장 통로가 큰 입구를 가지고 있다.

사라와크동굴의 평면도

말레이시아 물루 지역의 디어동굴
(사진 토니 월섬)

근부 우리 나라의 동굴

지역별 동굴

우리 나라에는 지역마다 차이가 있긴 하지만 거의 전국에 걸쳐 자연동굴이 분포한다. 이 가운데 남한에만 대략 천 개 이상이 있는 것으로 추정되며, 많은 수가 강원도와 충청북도, 그리고 제주도 등지에 분포하고 있다.

강원도의 강릉, 삼척, 정선, 평창, 태백, 영월, 그리고 충북의 단양 지역에는 고생대 석회암이 넓게 분포하고 있어서 석회동굴이 잘 발달해 있다. 그리고 경상북도의 문경, 안동, 울진과 평해 지역, 전라남도의 화순 지역, 전라북도의 익산과 무주 지역에도 석회암이 약간 분포하기 때문에 석회동굴이 발견된다.

제주도는 화산활동으로 형성된 현무암 지대이므로, 이곳에서 발견되는 동굴의 대부분은 용암동굴이다. 제주도 용암동굴의 규모와 수는 전 세계적으로도 널리 알려져 있다.

한편 제주도와 홍도, 독도 등 전국의 섬과 해안을 따라 크고 작은 해식동굴이 많이 발견된다. 이 가운데 제주도 동쪽에 위치한 우도의 동안경굴의 일출은 매우 유명하며 그 옆의 주간명월이라는 해식동굴도 멋진 장관을 이룬다.

또 경기도 포천의 옹장굴은 지하수가 지하의 약한 층을 따라 침식작용을 일으켜서 형성된 동굴로서 그 생성과정이 세계적으로도 매우 희귀하다.

강릉의 동굴

강릉시 옥계면 산계리 일대에는 많은 석회동굴이 분포하고 있다. 뿐만 아니라 산계리에서 백봉령 방향으로 넓은 지역은 돌리네가 잘 발달해 있어서 지형적인 가치도 매우 뛰어나다. 이곳의 유명한 동굴로는 옥계굴과 동대굴, 서대굴, 비선굴, 남대굴 등이 있다.

우선 옥계굴은 전형적인 석회동굴로, 총 길이가 750미터 정도이다. 이 동굴은 지하수가 남북으로 발달한 틈을 따라 석회암을 녹이면서 형성되었는데, 동굴이 형성된 후 천장의 암석이 바닥으로 떨어져 내리면서 동굴의 내부가 확장되었다.

동굴의 내부에는 종유관과 종유석, 석순, 석주, 동굴방패, 곡석, 동굴산호, 유석 커튼 등 다양한 동굴생성물이 있으며, 특히 다양한 형태와 크기의 석화가 자라고 있어서 '석화굴'이라도 불린다. 또 옥계굴의 입구에 대규모의 건열구조가 발견되는데, 이는 국내에서 유일하게 발견되는 대규모의 퇴적구조이며 동굴 속에서 이런 퇴적구조가 발달한 곳은 세계적으로도 매우 드문 일이다. 이곳의 퇴적물을 면밀히 분석해 본다면 과거 한반도의 기후변화에 관한 귀중한 자료를 많이 얻을 수 있으리라 생각한다.

동대굴은 총 길이가 210미터밖에 안 되지만, 내부가 잘 보존되어 있고 경관이 수려한 동굴이다. 동굴의 입구가 매우 좁아서 아무리 작은 체구의 사람이라도 20분 이상을 돌 사이에 끼여서 엎드린 채로 발가락을 부지런히 움직여야만 안으로 들어갈 수 있다. 이 동굴 안에는 종유석과 석순, 석주 외에도 기형의 석순과, 휴석 내에 자란 동굴생성물과 아름다운 붕암이 이 동굴의 아름다움을 더해 준다.

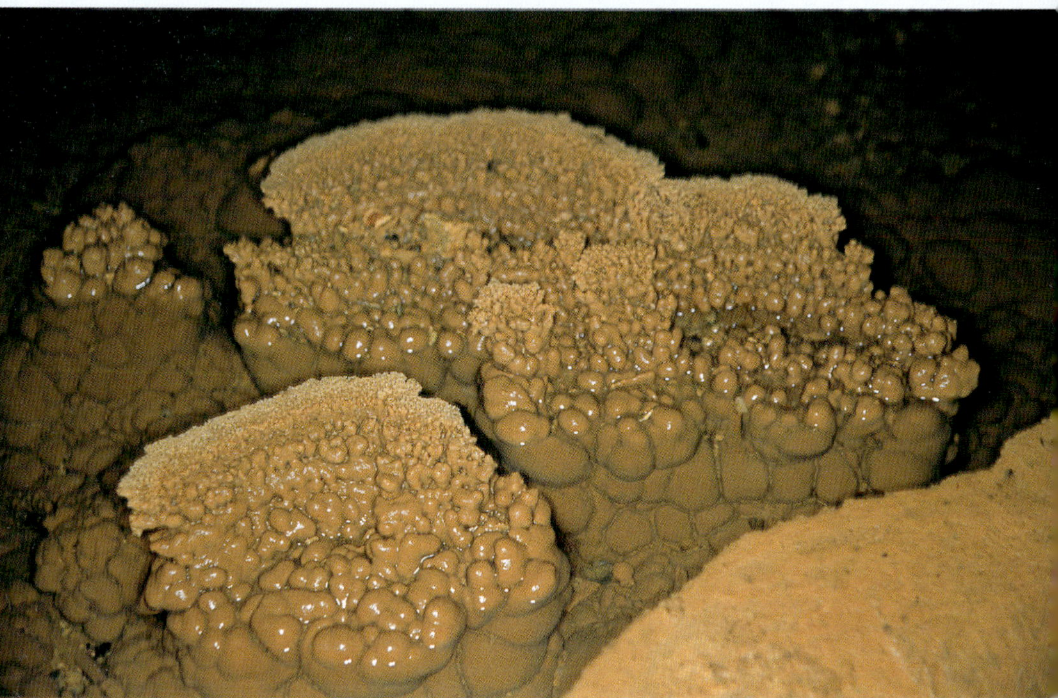

동대굴의 휴석 내에 있는 동굴생성물(사진 최돈원)

　　서대굴은 국내에서 가장 아름다운 동굴 중의 하나로 꼽힌다.
필자는 여러 가지 모양과 아름다운 색을 뽐내듯 서 있는 유석과
크고 작은 여러 형태의 통로들, 그리고 무엇보다도 티없이 맑은
순백색의 휴석을 잊을 수가 없다. 이 동굴의 휴석을 조사할 때, 하
얀 휴석 위에 발자국이 날까봐 모두 신발과 양말을 벗고 조사했던
기억이 있다.

　　남대굴은 지방문화재로 지정된 동굴은 아니지만 학술적 가치

서대굴의 유석

가 매우 뛰어난 동굴이다. 동굴 안에는 종유석과 석순, 동굴산호 등이 아름답게 자라고 있다. 남대굴의 가장 대표적인 경관은 동굴의 끝 부분에 있는 일명 '일만이천봉' 이라는 퇴적층이다. 이 퇴적층은 주로 머드(mud, 미세한 입자의 퇴적물)로 이루어져 있으며, 천장에서 떨어지는 물방울에 뾰족하게 깎여서 특이한 지형과 아름다운 모습을 보여주므로 금강산의 '일만이천봉' 이라 불리고 있다.

남대굴의 '일만이천봉'

단양의 동굴

충청북도 단양은 소백산과 남한강을 끼고 있는 매우 아름다운 곳이다. 이곳에는 천연기념물로 지정된 고수동굴과 온달동굴, 노동굴, 그리고 지방문화재로 지정된 천동굴이 유명하다.

우선 고수동굴은 천동리 계곡의 입구에 있으며 국내에서 가장 많은 관광객이 찾는 동굴 중의 하나이지만 다른 동굴에 비해 관리가 비교적 잘 이루어지고 있다. 동굴의 내부에는 종유석과 석순, 유석, 석화 등의 동굴생성물들이 아름답게 자라고 있다.

온달동굴은 온달산성 밑에 있는 동굴로 동굴 속에 지하수가 하

고수동굴의 종유석과 석순(사진 엄경섭)

천을 이루어 흐르고 있다. 정밀한 학술조사가 이루어지지 않아서 이 동굴이 얼마나 긴지는 알 수가 없다. 이 동굴은 아직 확장되고 있는 아주 어린 동굴에 속하지만 동굴 내에는 다른 석회동굴처럼 종유석과 석순, 석주 등의 동굴생성물이 자라고 있다. 특히 이 동굴에서는 지하수에 깎여 벽면에 그대로 노출된 석회암의 층리면과 수증기에 녹은 구멍들을 잘 관찰할 수 있다.

노동굴은 석회동굴의 전형적인 모습을 보여주며 유석과 종유석, 석순이 아름답게 자라고 있는 동굴이다. 노동굴의 미개발 구간을 조사해 보면 특히 종유석과 석순이 매우 아름답게 자란 것을 볼 수 있다. 하지만 이 동굴은 불행히도 관리가 제대로 이루어지지 않아서 동굴생성물 위에 많은 녹색오염이 발생하였다. 또 일부 부서진 석순 위에 나무로 석순 모형을 만들어 엉성하게 붙여 놓아

온달동굴의 유석과 커튼

서 오히려 동굴생성물의 가치를 떨어뜨리고 있는 것이 흠이다.

천동굴은 지방문화재이지만 주변의 다른 동굴 못지않게 아름다운 동굴생성물을 보여준다. 여러 곳에서 발달한 백색의 종유석과 석순, 바닥의 휴석과 붕암, 그리고 종유석 위에 자라는 곡석과 여러 지점에서 발견되는 석화는 천동굴의 자랑거리다. 하지만 이러한 동굴생성물들을 설명해 주는 표지판이 하나도 없어서 관람객들은 아름다운 동굴생성물의 가치를 알지 못한 채 아무 생각 없이 대충 둘러보고 나올 수밖에 없다.

아직 개발이 되지 않은 동굴이지만 단양에서 유명한 동굴로 에덴동굴과 상진리포도굴, 조운굴 등이 있다. 이 가운데 에덴동굴은 동굴 근처에서 오랫동안 살아온 최상래라는 분이 꿈에서 오소리가 들어가는 것을 보고 이 동굴을 찾았다고 한다. 최 씨는 이 동굴

노동굴의 종유관과 종유석

이 훼손되는 것이 두려워서 22년 동안이나 아무에게도 이 동굴에 대한 이야기를 하지 않고 동굴을 보존하였다고 하니, 그분의 집념이 참으로 놀라울 따름이다. 이 동굴에는 종유석과 석순, 석주와 희한한 모양의 곡석이 아름답게 자라고 있다. 특히 동굴의 입구를 통과하면 많은 종유석 위에 석화가 자라는 것도 볼 수 있다. 이러한 동굴생성물은 국내에서 유일하게 에덴동굴에서만 발견되어 학술적 가치가 매우 뛰어난 곳으로 평가받고 있다.

천동굴의 용암붕

에덴동굴의 박쥐 모양의 곡석

에덴동굴의 종유석과 석순

삼척의 동굴

강원도 삼척시내에서 도계 방향으로 약 10킬로미터 정도 가면 '환선굴' 푯말이 보이고, 이 푯말이 가리키는 방향으로 계곡을 따라 들어가면 대이리라는 마을에 이르게 된다. 이 지역은 주위의 산과 계곡을 따라 동굴로부터 흘러내리는 하천이 어우러진 곳이다. 대이리 지역은 군립공원(郡立公園)으로 지정되어 1997년에 개발이 시작되었다. 대이리 부근에는 고생대 캄브리아기의 석회암이 넓게 분포하며, 이 석회암 내에 여러 개의 동굴이 발달하고 있다. 이곳의 동굴들 가운데 특히 관음굴과 환선굴은 가장 규모가 크고 화려한 경관을 자랑하고 있다.

관음굴은 환선굴로 가는 길의 좌측 산기슭에 있는데, 현재는 입구가 철저히 봉쇄되어 일반인의 출입이 통제되고 있다. 동굴 내에는 모두 네 개의 폭포가 있으며, 그 중 제3폭포는 높이가 거의 10미터 이상으로 규모가 가장 크다. 제4폭포는 폭이 약 1미터 정도 되는 작은 구멍으로부터 많은 물이 아래로 떨어진다. 폭포 앞에는 큰 광장이 있어서 이곳에 가만히 서서 물이 떨어지는 소리를 듣고 있으면 세찬 물소리에 넋이 빠질 정도이다. 동굴의 주 통로에는 지하수가 하천을 이루어 흐르며, 통로의 좌우에는 웅장한 규모의 종유석과 석순, 유석이 환상적으로 펼쳐진다. 이 외에도 대규모의 종유관, 동굴산호, 휴석, 석화, 동굴방패, 곡석, 커튼 등 국내에 알려진 모든 종류의 동굴생성물이 함께 나타나기 때문에 국내에서 학술적 가치가 가장 뛰어난 동굴로 인정받고 있다.

환선굴은 고도 약 800미터 정도의 산 중턱에 위치하고 있다. 주위의 화려한 경관에 도취되어 걷다 보면, 폭 30미터 정도의 장

관음굴의 종유관과 석주

엄한 동굴 입구에 압도되고 만다. 환선굴의 입구는 다른 동굴에
비해 매우 규모가 크며 입구에 이르는 1킬로미터여 길 주변을 돌
아보면 아주 아름다운 카르스트 지형을 볼 수 있다.

입구로 들어가면 큰 광장이 나오고 바닥에는 하천이 흐르며 여러 지점에 크고 작은 폭포가 있어서 가슴이 탁 트이는 느낌을 받을 수 있다. 환선굴은 동굴생성의 초기 단계에 있는 동굴이기 때문에 종유석이나 석순 등 석회동굴에서 흔히 볼 수 있는 동굴생성물은 매우 드물게 자라고 있다. 하지만 큰 규모의 유석과 커튼, 대머리형 석순, '도깨비 방망이' 라고 불리는 거대한 종유석, 그리고 연꽃 모양으로 자라는 흰색의 휴석 등은 환선굴에서만 감상할 수 있는 경관이다. 특히 약 30미터 아래에 있는 호수를 보며 다리를 건널 때는 아무리 침착한 사람이라도 마음이 섬뜩해질 것이다. 환선굴은 개발 당시 동굴 보존에 세심한 배려를 한 덕분에 동굴생성물과 동굴생물이 거의 그대로 보존되어 있다.

환선굴의 대머리형 석순

환선굴의 휴석

초당굴은 삼척시 근처에 위치한 천연기념물 지정 동굴이다.
2000년에 이 동굴에 대한 정밀조사를 한 결과 이 굴의 총 길이는
약 600미터라고 밝혀졌다. 초당굴은 3층으로 이루어져 있으며,
각 층마다 독특한 동굴생성물이 발달해 있다. 맨 위층에는 대형
석주와 종유석, 커튼, 대형 휴석, 동굴방패 등 다양한 동굴생성물
들이 동굴 내부를 아름답게 장식하고 있다. 과거 동굴이 형성된
후에 지하수면이 아래로 내려가면서 위층으로 스며드는 물의 양

이 줄어들어 지금은 대부분의 동굴생성물이 성장을 멈추었다. 하지만 여름에 비가 많이 오면 일부 종유석과 휴석은 활발히 성장한다. 위층 주 통로의 끝 부분에는 비가 오면 많은 지하수가 유입되어 가운데층과 맨 아래층으로 흘러 내려간다. 따라서 가운데층에는 종유관과 종유석, 유석, 휴석 등의 동굴생성물들이 활발히 생성되고 자라며, 맨 아래층에는 동굴 속의 물이 모여 하천을 이루고 있다.

한편 초당굴의 입구가 있는 계곡을 따라 아래로 내려가면, 다른 계곡에서 내려오는 물과 만나는데 이 계곡에는 멋진 입구를 가진 소한굴이 있다. 이 굴은 초당굴 쪽으로 발달해 있기 때문에 오래 전부터 많은 동굴탐사가들은 이 두 동굴이 연결되어 있을 거라

소한굴에서 스쿠버다이빙을 하는 모습 (사진 정의욱 · 안종환)

소한굴의 입구

추측하고 있었다. 하지만 소한굴의 입구에서 약 20미터 정도 들어가면 동굴의 지하로부터 물이 나오고 있어서 조사를 하려면 물 속으로 들어가야 하기 때문에 과거에는 많은 어려움이 따랐던 것으로 보인다. 1999년 가을, 필자가 참여한 조사팀과 스쿠버다이빙 팀이 초당굴과 소한굴을 조사한 결과 결국 두 동굴이 한 지점에서 만나고 있음을 확인할 수 있었다.

영월의 동굴

영월에는 석회암 지대가 넓게 분포하고 있어서 대략 200개 이상의 석회동굴이 있으리라 추정된다. 영월에는 천연기념물로 지정된 고씨굴을 비롯하여 지방기념물로 지정된 용담굴, 연하굴, 대야굴이 유명하며, 그 외에도 송이굴, 삼옥굴, 중터거리굴 등 학술적 가치가 높은 동굴이 많다.

2001년 가을에 한국동굴연구소는 국내에서는 처음으로 일 년이라는 긴 기간 동안 고씨굴에 대한 학술조사를 실시하였다. 그때까지만 해도 고씨굴에 관한 무수한 이야기들이 있었지만, 아무도 정확한 길이조차 파악하지 못하고 있었다. 연구소의 조사 결과, 고씨굴의 정확한 길이는 3.388킬로미터로 밝혀졌다. 또 조사 이전에는 알려지지 않았던 여러 귀중한 자료가 발표되었는데, 그 중 하나가 고씨굴의 전체적인 형태이다. 고씨굴은 국내에서 알려진 동굴 가운데 가장 복잡하게 얽힌 미로형 통로로 되어 있다. 조사팀은 이곳을 자주 다녔으면서도 통로가 하도 비슷하고 복잡해서 우리가 정확히 어디에 있는지 지도를 보면서도 혼동될 정도였다. 그리고 고씨굴의 미개방 구간에는 완전히 검은색을 띠는 동굴

생성물이 많이 있다. 동굴생성물이 검은색을 띠게 되었는지 정확
히 알 수는 없지만 아마도 이 검은색의 동굴생성물은 토양으로부
터 온 유기물 때문인 것으로 여겨진다.

**영월 고씨굴의 석순과
동굴산호**

용담굴은 총 길이가 약 700미터로, 입구에서부터 수직통로와 수평통로가 반복되며 계단형으로 발달한 수직형 석회동굴이다. 이 동굴이 다른 동굴과 다른 점은, 동굴의 주 통로의 일부 구간이 수직으로 발달했다는 점이다.

또 이 동굴은 작은 규모에 비해 종유관과 종유석, 석순, 석주, 곡석, 석화, 베이컨시트, 커튼, 동굴산호 등 다양한 동굴생성물들이 아름답게 자라고 있다. 특히 기묘한 형태를 보이는 동굴산호, 천장에 발달한 석화, 군집을 이루며 자라고 있는 석순들은 용담굴을 더욱 아름답게 치장하고 있다. 용담굴을 조사하면서 가장 의미 있었던 점은, 책에서만 보던 동굴기포를 눈으로 직접 확인할 수 있었다는 것이다.

고씨굴과 용담굴 외에도 영월에 있는 동굴 가운데 가장 기억에 남는 동굴은 연하굴과 송이굴이다. 연하굴에는 수많은 종유석이 한 지점에 밀집되어 있었다. 이처럼 많은 종유석이 좁은 지역에 모여 있는 것은 국내의 다른 석회동굴에서는 보기 어렵기 때문이다. 한편, 송이굴은 영월군에서 봉래산에 천문대를 만들기 위해 길을 닦다가 입구가 발견되었다. 미개방 동굴을 탐사하는 동굴환경학회의 회원들과 함께 송이굴 입구에 가 보니, 다른 동굴과는 달리 동굴 입구가 바로 길가에 있었다. 동굴을 들어가기 위해서는 입구에서 자일을 타고 약 7미터를 내려가야 하며, 전체 길이가 100미터 정도밖에 되지 않았지만 종유석이나 벽면에서 자라는 곡석은 숨이 막힐 정도로 아름다웠다. 하지만 몇 주일 후 송이굴에 도굴꾼이 들어가 동굴생성물들을 많이 훼손해 놓고 말았다.

영월 용담굴의 석주

영월 송이굴의 곡석

정선의 동굴

정선에는 지방기념물로 지정된 화암굴과 비룡굴이 유명하다. 하지만 이 외에도 천연기념물로서 손색이 없는 여량의 산호동굴과, 수많은 곡석이 신비롭게 자라고 있는 곡석굴도 정선의 자랑거리에서 빼놓을 수 없다.

화암굴은 아직 정밀한 탐사를 한 적이 없기 때문에 동굴의 정확한 길이는 알려져 있지 않다. 일반인에게 개방된 지역은 동굴 안에 있는 광장들 가운데 하나이다. 이 광장의 한쪽에는 흰색의 대형 석순과 석주가 아름답게 자라고 있으며, 다른 쪽에는 아주 큰 유석이 벽면을 따라 자라고 있다. 화암굴의 광장은 규모가 매우 커서 좁은 통로를 다닐 때와는 무척 다른 느낌을 갖게 된다. 무엇보다도 화암굴의 가장 큰 자랑거리는 동굴 천장에서 자라고 있는 석화와 곡석이다. 천장에 조명이 비추고 있으므로 눈을 크게 뜨고 유심히 보면 천장의 아름다운 곡석을 감상할 수 있다.

비룡굴은 화암굴과 같이 지방기념물로 지정된 동굴이지만 일반인들에게 개방되지는 않았다. 비룡굴에는 화암굴보다 더 많은 석화가 아름답게 자라고 있다. 하지만 불행히도 지난 수십 년 동안 많은 사람들이 이 동굴에 침입하여 동굴생성물을 훼손하였기 때문에 지금은 처절하리만치 훼손되어 있다. 몇 해 전 한 방송사에서 동굴의 훼손을 다루는 프로그램을 만들 때, 이 비룡굴이 소개되기도 하였다.

산호동굴은 매우 희귀한 동굴산호 때문에 주목을 받고 있다. 그러나 동굴까지 가는 길이 멀고 험해서 쉽게 탐사할 수 없다는 단점이 있다. 필자도 지난 십여 년 간 산호동굴에 대한 이야기를

정선 화암굴의 대형 유석

들어온 터라 이 동굴을 조사해 보기로 마음을 먹었다. 산호동굴 역시 도굴꾼들에 의해 무참히 훼손되어 있었지만, 수직의 통로를 내려가는 벽면에는 주먹만한 크기의 동굴산호가 뒤덮여 있는 것을 볼 수 있었다. 필자는 그렇게 큰 동굴산호를 한 번도 본 적이 없으며, 그런 동굴산호는 국내외를 통틀어 매우 희귀한 것이라고 한다.

정선 산호동굴의 동굴산호

평창의 동굴

강원도 평창군 마하리에서 동강을 따라 동쪽으로 약 한 시간 정도 강변을 따라 걸어가면 백룡동굴에 이른다. 백룡동굴의 입구는 동강의 수면에서 약 15미터 위에 위치하고 있으며, 동굴 입구의 양쪽이 모두 절벽이어서 동배를 타고 가야만 동굴에 닿을 수 있다.

백룡동굴은 오래 전부터 마을 주민들에게 알려져 있었으며, 동굴의 입구 쪽에는 6 · 25 때 피난 온 사람들이 만들었다는 구들이 있다. 구들 주위에는 토기 조각들도 있어서 오래 전부터 우리 조상들이 이 동굴을 이용했다는 것을 알 수 있다.

이 동굴은 1976년에 마을 주민이었던 정무룡 형제와 우재성이라는 사람이, 많은 사람들이 드나들 수 있게 동굴의 중간에 있던 좁은 통로를 넓히면서 동굴 내부의 규모와 경관이 학계에 알려지게 되었다. 이 동굴은 동굴이 위치한 백운산과 정무룡 형제의 이름 한 글자씩 따서 '백룡동굴'이라 지었다고 한다.

백룡동굴의 총 길이는 1.125킬로미터이며, 크게 세 개의 굴로 갈라져 있다. 이 동굴은 종유석과 석순이 지금도 활발히 성장하고 있는 활굴(活窟)이다. 특히 동굴방패, 기형의 종유석, 피아노 소리를 내는 커튼형 종유석, 종유관, 그리고 동굴산호가 아름답게 자라고 있는 휴석은, 백룡동굴만이 가지는 매우 특이한 생성물들이다. 특히 에그프라이형 석순은 가운데가 연노랑색이고 둘레가 흰색을 띠고 있어서 달걀프라이와 똑같은 모양을 보인다. 동굴의 주 통로는 몇 사람이 나란히 걸을 수 있을 만큼 넓으며, 석회동굴에서 발견되는 거의 모든 동굴생성물들이 전혀 훼손되지 않은 채 보존되어 있다. 1990년 대 말에 평창 경찰서장이 이 동굴에 들어가서 구

경을 하다가 남자의 성기와 똑같이 생긴 종유석을 딴 것이 사회적
으로 문제가 되기도 하였다. 그 후 정부에서는 이 종유석을 다시
천장에 붙여 놓았지만, 법을 지키도록 단속해야 할 공직자가 아무
렇지도 않게 동굴생성물을 훼손했다는 사실에 참으로 안타까운
마음이 들지 않을 수 없었다. 경찰서장이 아무런 죄의식 없이 동굴
생성물을 훼손할 정도라면 일반인들은 말할 것도 없을 것이다.

백룡동굴 외에도 평창에는 바람굴, 섭동굴, 산지동굴 등 여러
동굴이 있다. 이 가운데 섭동굴은 내부에 종유석, 석순, 석화 등의
여러 동굴생성물이 아름답게 자라고 있다.

평창 섭동굴의 종유석과 석순

평창 백룡동굴의 기형 종유석

태백의 동굴

태백에는 지방기념물로 지정된 용연굴과 월둔동굴이 유명한데, 이 가운데 용연굴은 다른 동굴에 비해 많은 아쉬움이 드는 동굴이다.

1994년 필자는 태백 시청으로부터 종합학술조사를 부탁받은 적이 있다. 당시에도 용연굴은 훼손이 심해 의아스러웠지만, 순수한 학술조사 차원이라 수없이 이 동굴을 드나들며 나름대로 동굴에 대한 조사를 마칠 수 있었다. 용연굴 안에는 큰 광장이 여러 개 있으며, 동굴의 깊숙한 곳에는 학술적 가치가 높은 동굴산호가 많이 자라고 있다. 일반인들은 잘 알 수 없지만 용연굴의 여러 지점에는 학술적으로 귀중한 자료가 많이 있다. 이러한 귀중한 자료들

태백 용연굴의 광장 (사진 안종환 · 홍선표)

을 관람객들에게 소개할 표지판을 만들면 좋았겠지만 나중에 가

보니 동굴 안에는 분수대가 설치되었을 뿐이다.

태백 용연굴의 석순과 석주(사진 안종환·홍선표)

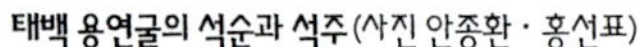

제주도의 동굴

제주도에는 화산이 폭발하면서 분출된 용암에 의해 만들어진 용

암동굴이 많이 있다. 외국에도 용암동굴은 많이 있지만, 제주도에

있는 용암동굴은 그 규모와 분포에 있어서 가히 세계적이라고 할

수 있다. 특히 용암이 흐르면서 한 번에 만들어진 만장굴과 근처의 금녕굴을 포함하여, 용암의 단일 통로로는 세계에서 가장 긴 동굴계로 알려져 있다. 또 제주도의 빌레못동굴은 단일 동굴로서는 세계에서 여섯번째로 긴 용암동굴이다.

만장굴은 일반인에게 개방되어 많은 사람들이 찾고 있는데, 그냥 보면 아무런 멋없이 그저 뻥 뚫린 통로라고만 생각할 수 있지만, 자세히 살피면 과거에 용암이 만들어 놓은 신기한 여러 형상들이 수없이 나타난다. 만장굴의 바닥에 있는 승상용암, 용암이 흐르면서 벽면에 남긴 선 구조, 위층에서 용암이 흘러내리면서 만들어진 용암석주, 그리고 용암이 흐르면서 굳은 용암구(거북바위)

제주도 만장굴의 모습

등은 만장굴의 대표적인 자랑거리다. 하지만 불행히도 이렇게 다양한 동굴 속의 지형과 동굴생성물, 그리고 만장굴이 만들어진 과정을 제대로 설명하고 있는 안내판이 없어서 많은 볼거리를 놓치고 있으니 안타까운 일이 아닐 수 없다.

제주도 한림에는 협재굴과 황금굴, 소천굴을 포함한 용암동굴지대가 천연기념물로 지정되어 있다. 협재굴과 쌍룡굴은 용암동굴임에도 불구하고 내부에 석회동굴에서 주로 볼 수 있는 동굴생성물이 자라고 있다. 이것은 협재굴 주변 해안에 있는 조개껍데기로 만들어진 탄산칼슘 성분의 모래 때문인 것으로 생각된다. 이 모래가 바람에 날려서 동굴 위를 덮고, 모래 속의 탄산칼슘 성분

제주도 협재굴의 동굴진주

이 빗물에 녹아 동굴로 침투하면서, 석회동굴에서 보는 것과 같은 동굴생성물이 자란 것이다. 필자는 협재굴의 미개방 구간을 조사하던 중 한 지점에서 수많은 동굴진주가 아름답게 자라고 있는 것을 보고 감탄을 금치 못했다.

협재굴 바로 옆에 있는 황금굴에는 협재굴보다 더 많은 종유석과 석순이 자라고 있다. 더욱 놀랄 만한 것은 황금굴 속에 손바닥만한 전복 화석이 있다는 것이다. 어떻게 이렇게 큰 전복화석이 깊은 동굴 속까지 들어오게 되었는지는 아직도 큰 숙제로 남아 있다.

제주도의 가장 큰 자랑거리는 역시 당처물동굴이다. 당처물동굴은 농지정리를 하던 주민에게 발견되어 천연기념물로 지정되었

제주도 황금굴 내부에 자라는 동굴생성물

제주도 당처물동굴의 종유석

다. 필자는 2001년 유네스코에서 주최하는 세계자연유산에 관한 회의에 참석하게 되었는데, 그때만 해도 당처물동굴의 가치를 십분 이해하지 못하고 있었다. 그런데 2002년 7월에 열리는 삼척세계동굴박람회에 전시될 자료를 준비하면서 차츰 당처물동굴의 가치를 깨닫게 되었다. 세계의 동굴학자들과 사진작가들이 수많은 동굴 관련 자료를 보내주었는데, 당처물동굴과 같은 자료는 어디에도 없었기 때문이다. 당처물동굴 안에는 용암동굴에서 볼 수 있는 특징들 외에도 석회동굴에서 볼 수 있는 동굴생성물들이 뛰어난 경관을 보여주며 자라고 있다. 하지만 자세히 보면 석회동굴에서 자라고 있는 동굴생성물의 형태와 특징과는 많은 차이가 있으며, 이러한 차이는 당처물동굴 내 동굴생성물의 형성과정과 관련이 있다. 마침 기회가 있어서 몇 개월 동안 당처물동굴의 동굴생

성물에 대해 학술조사를 하게 되었는데, 조사 결과 당처물동굴 속
에서 자라는 동굴생성물들의 기기묘묘한 형태는 동굴 속으로 뚫
고 내려온 지상의 풀뿌리를 따라 지하수가 침투하면서 자랐다는
것을 알 수 있었다. 이러한 사실을 즉시 외국 학계에 발표하였고,
당처물동굴의 학술적 가치는 이제 세계적으로 널리 알려지게 되
었다.

제주도 당처물동굴의 동굴산호

제주도 당처물동굴의 기형 석순

동굴탐험  문화재 지정 동굴

천연기념물로 지정된 동굴들은 모두 독특한 특징을 가지며 학술적으로도 가치가 매우 뛰어나다. 대부분의 동굴들은 동굴 자체만으로 천연기념물로 지정되어 있으나, 대이리 동굴지대(제178호)와 제주도의 용암동굴지대(제236호)는 일정한 구역이 천연기념물 보호구역으로 지정되어 있다.

천연기념물	지정번호	지방문화재	지정번호
삼척 대이리 동굴지대(환선굴 · 관음굴 · 덕밭세굴 · 양터목세굴 · 큰재세굴 · 사다리바위바람굴)	제178호	삼척 저승굴	제40호
		삼척 활기굴	제41호
		태백 월둔굴	제58호
제주도 용암동굴지대(소천굴 · 황금굴 · 협재굴)	제236호	태백 용연굴	제39호
		강릉 옥계굴	제37호
삼척 초당굴	제226호	강릉 동대굴	제35호
평창 백룡동굴	제260호	강릉 서대굴	제36호
영월 고씨굴	제219호	강릉 비선굴	제38호
울진 성류굴	제155호	정선 비룡굴	제34호
익산 천호동굴	제177호	정선 화암굴	제33호
단양 고수동굴	제256호	영월 용담굴	제23호
단양 온달동굴	제261호	영월 대야굴	제32호
단양 노동굴	제262호	영월 연하굴	제31호
제주 금녕굴 · 만장굴	제98호	단양 천동굴	제19호
제주 빌레못동굴	제342호	무주 마산동굴	제41호
제주 당처물동굴	제384호	화순 화순굴	제24호
		문경 모산굴	제27호
		안동 미림굴	제36호
		합천 배티굴	제70호

동굴탐험 개방 동굴

현재 우리 나라에서 일반인에게 개방되어 있는 동굴은 모두 열두 개이며, 이 중에서 천연기념물로 지정된 동굴 여덟 개, 지방문화재로 지정된 동굴 세 개, 문화재로 지정되지 않은 동굴이 한 개이다.

천연기념물로 지정된 개방 동굴로는 삼척의 환선굴, 영월의 고씨굴, 울진의 성류굴, 단양의 고수동굴, 온달동굴, 노동굴, 제주도의 만장굴과 협재·쌍룡굴이다. 쌍룡굴은 천연기념물이 아니지만 협재굴과 붙어 있으므로 협재굴을 말할 때 흔히 포함시켜 부른다. 그리고 지방문화재로 지정된 개방 동굴은 강원도 태백의 용연굴, 정선의 화암굴, 단양의 천동굴이다. 문화재로 지정되지 않은 일반 동굴로는 동해시에 있는 천곡동굴이 일반인에게 공개되고 있다.

개방	연도개방	동굴특징
1963년	울진 성류굴	최초로 일반인에게 공개됨
1971년	제주도 협재·쌍룡굴	
1974년	영월 고씨굴	
1976년	제주도 만장굴	
	단양의 고수동굴	
1978년	단양의 천동굴	
1980년	단양의 노동굴	
1996년	동해 천곡동굴	
1997년	삼척 환선굴	
	태백의 용연굴	
	단양의 온달동굴	
1993년	정선의 화암굴	과거 금광의 갱도가 천연동굴 구간과 함께 2000년에 재공개됨

제주도의 당처물동굴

3부 동굴과 인간

동굴의 발견

오스트리아에 있는 아델스베르그동굴은 인류 최초로 '탐험' 한 동굴로 여겨진다. 수백 년 전 사람들은 뿔이 하나 달린 말을 찾으러 갔다가 이 동굴을 찾게 되었는데 비록 말을 찾지는 못했지만 화려하고 아름다운 동굴의 경관에 반하여, 19세기에는 관광지로 발전하였다. 또, 이스라엘의 두 농부는 잃어버린 양을 찾다가 사해 근처에서 한 동굴을 발견했는데, 이 동굴 안에는 구약성서를 포함한 고대의 문서들이 있었다.

한편, 미국의 켄터키 주에는 플로이드 콜린스라는 동굴탐험가가 살고 있었다. 그는 크리스털동굴을 소유하고 있었으나 관광지로 개발하기에는 위치가 적당하지 않아 근처에 있는 매머드동굴의 또 다른 입구를 찾을 목적으로 샌드동굴을 조사하였다. 그러나 샌드동굴에서 나오던 중 약 10킬로그램의 암석이 발에 떨어지면서, 입구로부터 불과 4미터밖에 떨어지지 않은 좁은 통로에 갇히고 만다. 그는 약 2주일 동안 춥고 축축한 통로에서 고통을 받았으며, 이 사실이 신문을 통해 알려지게 되었다. 신문기자는 매일 그를 찾아가 음식을 갖다 주며 인터뷰를 하였고 주변의 많은 사람들이 그를 구하기 위해 광산에서 사용되는 장비까지 이용했으나 끝내 성공하지 못하였다. 관계당국은 당장 그의 시신을 거두는 것이 너무 위험하다고 판단하여 시신을 그대로 방치할 수밖에 없었다. 그로부터 80일 후에 그의 가족은 많은 동굴탐험가들의 도움으로 성대하게 장례를 치를 수 있었으며, 시신은 유리로 뚜껑을 덮은 관에 넣어져 크리스털동굴 내에 안치되었다. 그 후 그는 오랫동안 많은 사람들의 존경을 받았다.

동굴기네스 6

동굴 안에서 볼 수 있는 특이한 현상

뉴질랜드 와이토모동굴 안에는 빛을 내는 곤충이 살고 있어서 마치 밤하늘의 별을 보는 듯한 느낌을 준다.

와이토모동굴의 빛을 내는 곤충의 모습(사진제공 글로우웜동굴)

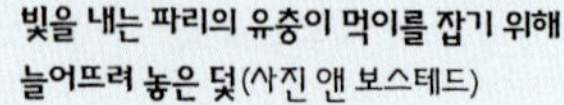

빛을 내는 파리의 유충이 먹이를 잡기 위해 늘어뜨려 놓은 덫(사진 앤 보스테드)

동굴의 이용

사람들은 동굴만이 가지는 특수한 환경을 여러 용도로 이용해 왔다. 과거에는 원시인들이 거주지로, 전쟁시에는 요새로, 또 질병을 치료하는 요양소로 이용되었으며, 심지어 동굴 속 물의 낙차를 이용하여 전기를 만드는 발전소로 이용되기도 하였다. 우리 나라의 많은 지역에서는 동굴에서 나오는 물을 식수로 사용하고 있다.

· 거주지로서의 동굴

인간이 동굴에서 살았다는 가장 오래된 증거로, 베이징〔北京〕 근처 저우커우뎬〔周口店〕의 한 석회동굴에서 발견된 베이징원인(*Homo erectus pekinensis*)의 유골을 들 수 있다. 이 유골을 분석한 결과, 베이징원인이 동굴에서 살았던 시기는 약 70만 년 전이라고 밝혀졌다. 또 이라크의 샤니다 지방의 한 동굴에서는 약 4만 년 전의 것으로 추정되는 네안데르탈인(*Homo neanderthalensis*)의 유골이 발견되기도 했다. 이 외에도 호주, 영국, 프랑스, 남아프리카공화국 등 여러 나라의 동굴에서 우리와 같은 종류의 인간(*Homo sapiens*)이 살았던 증거가 많이 발견된다. 흥미로운 사실은 이들이 살던 시기가 모두 지금으로부터 약 2만 년 전인 빙하기였다는 것인데, 그렇다면 원시인들은 추운 기후를 견디기 위해 동굴로 들어가 살았을 가능성이 높다.

베이징원인

· 요새로서의 동굴

중국 구이린〔桂林〕 지역에 살던 중국인들은 전쟁시 물이 말라버린 동굴을 전략적인 요충지로서 사용하였으며, 스위스인들도 전쟁시 동굴을 이용해 성(城)을 지어서 요새로 이용하였다고 한다.

· 동굴 내 유기물질의 이용

많은 동굴 속에는 박쥐의 배설물인 구아노가 두껍게 쌓여 있는데, 과거 동굴 주변에 살던 주민들은 이 구아노를 가져다 비료로 사용하였다고 한다. 특히 미국의 칼스배드동굴에서는 총 10만 톤의 구아노가 비료로 사용되기도 하였다. 보르네오의 니아동굴 근처의 주민들은 동굴에 둥지를 틀고 사는 제비들의 배설물을 비료로 사용하기도 하였다.

한편, 석회동굴에는 구아노 외에 다양한 유기물이 유입되어 쌓이는데, 그 속에는 질산칼륨으로 이루어진 물질도 포함되어 있다.
그래서 미국 남북전쟁 때는 사람들이 이 화학물질이 황, 숯과 반
응하도록 물을 통과시켜서 화약을 제조하였다고 한다.

· 발전소로서의 동굴

스위스 서부에 있는 콜데로셰동굴 내에는 많은 물이 흐르고 있다.
스위스인들은 물이 동굴 속의 좁은 수직통로를 통과하는 것을 보
고 발전기를 설치하여 전기를 일으켰는데, 16세기에 설치된 이
발전소는 유럽 최초의 수력발전소였으며 전기 덕분에 이 지역은
빠른 성장을 할 수 있었다. 이 동굴에는 이를 기념하여 박물관이

미국 석회동굴 내에 화약을 제조했던 시설(사진 앤 보스테드)

세워졌으며, 당시에 사용되었던 발전기 등 여러 자료를 전시하고
있다.

· 식수의 통로로 이용되는 동굴

루마니아 남부에는 수많은 석회동굴과 카르스트 지형이 발달해
있어서 주민들에게 식수를 공급하는 것이 큰 골칫거리다. 카르스
트 지형에서는 하천이 흐르다가 지하로 들어가기 때문에 하천이
말라 버리는 때가 많기 때문이다. 그래서 루마니아 남부의 한 지
역에서는 매우 긴 관을 설치하여 먼 도시의 주민들에게도 식수를
공급하는데, 관을 설치하는 비용이 너무 많이 들어서 어떤 지역에
서는 동굴로 물을 흘려 보내서 물을 퍼 가도록 하고 있다.

루마니아 석회동굴에 설치된 식수 공급용 관

· 실험장소로서의 동굴

약 20년 전, 루마니아 남서부의 클로샨동굴에서는 과학자들이 모여 지구와 달, 그리고 태양의 만유인력을 실험하는 장치를 설치했다. 동굴은 조용하고 외부의 다른 영향을 받지 않기 때문에 실험에 가장 적합한 곳이라고 생각했기 때문이다. 이 실험은 비록 실패로 끝났지만 아직도 동굴 안에는 실험장치가 남아 있다.

루마니아 석회동굴에
남아 있는 실험장비

· 요양소로서의 동굴

미국 뉴멕시코 주의 칼스배드동굴과 켄터키 주의 매머드동굴은 환자를 치료하는 장소로 이용되기도 하였다. 동굴 안이 항상 깨끗한 공기와 높은 습도가 유지되는 점에 착안하여 동굴을 폐결핵 환자의 요양소로 이용한 것이다. 하지만 불행하게도 두 동굴 모두에서 환자를 치료하던 의사마저 폐결핵으로 사망하였고, 이 때문에 모든 동굴요양소는 폐쇄되었다. 하지만 헝가리의 바라들라동굴은 조용한 환경을 이용하여 정신병 환자를 치료하는 장소로 지금까지 이용되고 있다.

동굴탐험 동굴에 사는 제비의 둥지를 요리로

보르네오와 인도네시아의 몇몇 석회동굴들에 가 보면, 많은 제비들이 날아다니는 것을 볼 수 있다. 보통 새들은 짚이나 나뭇가지로 집을 짓는다고 알려져 있지만, 이 제비들은 주로 동굴의 입구 주변에 입에서 나오는 침으로 집을 짓는다. 그런데 더 놀라운 것은 이 제비집이 중국 요리에서 아주 비싼 수프의 원료로 사용되었으며, 이 때문에 많은 주민들이 목숨을 걸고 제비집을 채취한다는 사실이다. 최근에는 제비의 수가 줄어드는 것을 우려하여 제비집을 보호하고 있다.

· 고속도로로 이용되는 동굴

이탈리아에서는 고속도로를 뚫다가 석회동굴이 발견되었다. 이 동굴은 산조반니 석회동굴로, 이 동굴의 통로를 이용하여 고속도로를 연결시켰으며, 고속도로의 길이는 약 700미터에 이른다고 한다.

보르네오 석회동굴의 입구에서 제비집을
채취하는 주민의 모습 (사진 림찬쿤)

산조반니동굴에 연결된 고속도로(사진 토니 월섬)

· 래프팅의 장소로 이용되는 동굴

뉴질랜드의 와이토모동굴은 관광지로 개발되어 일반인에게 공개
되었다. 이 동굴에서는 동굴 속에 흐르는 하천을 이용하여 래프팅
을 할 수 있다.

그 외에도 동굴은 여러 가지 목적으로 사용되었다. 세계의 여
러 동굴에서는 동굴 내의 음향이 매주 좋은 것을 이용하여 일 년에

동굴 속에서 래프팅을 하는 모습
(사진제공 와이토모동굴)

몇 차례씩 동굴음악회가 열리기도 한다. 또 1974년 영월에 사는 최재명이라는 동굴탐험가는, 정선의 화암굴의 큰 광장에서 결혼식을 올리기도 했다. 제주도의 정녀굴과 삼방굴 안에는 부처님의 불상이 놓여 있어서 이곳을 찾은 관광객이나 교인들이 참배를 올리기도 한다. 또 제주도의 초기왓굴에서는 동굴 내부의 온도가 낮게 유지되는 것을 이용하여 과거에 버섯을 재배하였으나 지금은 여러 농산물이나 해산물을 보관하는 장소로 이용하고 있다.

제주도 초기왓굴에서 해산물을 저장하고 있는 모습

동굴의 현재와 미래

동굴의 나이를 알 수 있을까

흔히 동굴이나 동굴생성물을 소개하는 프로그램을 보면 '태고의 신비를 간직한 동굴' 또는 '수억 년 전의 비밀' 등이라는 부제가 붙지만, 이런 제목들은 모두 과학적인 지식이 부족한 데서 나오는 말이다. 그렇다면 과연 동굴과 동굴생성물들은 언제부터 형성되기 시작했을까?

지질학적으로 밝혀진 바에 따르면, 지구의 나이는 대략 46억 년이라고 한다. 하지만 아직까지 우리 나라의 석회동굴들이 만들어진 시점이나 기간에 대해서는 제대로 알려져 있지 않으며 이를 위한 체계적이고 과학적인 조사도 매우 부족하다. 우리 나라에서는 석회암 속에서 발견되는 화석들을 근거로 하여, 약 4~5억 년 전에 석회암 지대가 형성되고 나중에 지각운동으로 육지 위로 올라왔을 것으로 보고 있다. 석회암이 육지 위로 솟아 올라온 시점에 대해서는 많은 논란이 있지만, 대체로 중생대인 약 2억 5천만 년에서 1억 5천만년 전쯤일 것이라고 생각하고 있다. 따라서 석회동굴은 아마도 그 이후인 수백만 년에서 수십만 년 전에 만들어지기 시작했을 것이다. 하지만 이 기간 동안 석회동굴이 생기기 시작했다는 증거는 어느 곳에서도 찾을 수가 없다. 왜냐하면 석회동굴은 석회암이 녹으면서 만들어지기 때문에, 단순히 특정 시점에 대한 증거가 남아있지 않기 때문이다. 그러므로 실제로 동굴의 나이를 정확히 알아내는 일은 참으로 어려운 일이다.

동굴의 나이를 알아내기 위해서는 여러 가지 방법이 동원되는데, 외국에서는 석회동굴이 있는 계곡이 하천에 깎이는 시간을 계산하여 간접적으로 추정하기도 한다.

또 다른 방법은 석회동굴에서 가장 오래된 동굴생성물을 이용하여 동굴의 나이를 가늠해 볼 수도 있다. 동굴생성물이 자라는 동안에는 여러 종류의 이물질이 포함되는데, 이물질이 포함될 때마다 동굴생성물의 단면에는 마치 나이테 같은 성장선들이 뚜렷하게 나타난다. 이런 동굴생성물의 '나이테'를 채취하여 분석하면 한 동굴생성물이 언제 생성되기 시작하여 얼마나 오랫동안 성장했는지 알 수 있다. 또 같은 동굴생성물이라 하더라도 동굴에 따라, 그리고 자라는 지점에 따라 많은 차이가 있을 수 있다. 석순과 유석이 자라는 속도를 조사한 외국의 한 자료를 보면, 천 년 동안 어떤 것은 1센티미터, 다른 어떤 것은 6센티미터 정도로 크기가 서로 다르게 자랐다고 한다. 만약 천 년에 1센티미터 자란 이 석순의 지름이 30센티미터라면 석순이 자라는 데 약 3만 년이 걸렸다고 할 수 있으며, 6센티미터 자란 석순이 1센티미터 자라는 데는 약 5천 년 정도 걸렸다고 할 수 있다.

한편 동굴생성물의 나이를 정밀하게 측정하기 위해 방사성동위원소를 이용하기도 한다. 여기에는 주로 탄소-14(^{14}C)와 우라늄계열의 방사성동위원소가 많이 이용되는데, 탄소-14를 이용하면 약 5만 년 전까지 측정이 가능하고 우라늄계열을 이용하면 약 20~30만 년 전까지 측정이 가능하다. 한 예로 미국 뉴멕시코 주의 석회동굴 내에 있는 박쥐의 배설물(구아노)을 측정한 결과, 약 32,500년 전의 것이라고 보고된 적이 있다.

 동굴탐험 방사성동위원소를 이용한 연대측정

6 '방사성탄소연대측정법'이라고도 불리는 이 방법은, 식물이 광합성을 하여 받아들인 방사성탄소가 식물이 붕괴되기 시작하면서 그 양이 점차 감소하는 현상을 이용한 것이다. 방사성원소는 온도나 압력 등 외부적인 조건에 구애받지 않고 규칙적으로 붕괴된다는 사실에 착안하여, 암석이나 광물 등의 나이를 알아내며 불확실한 추정값을 근거로 하는 연대측정보다 훨씬 정확하다. 따라서 학자들은 방사성동위원소를 이용하여 여러 동굴에서 동굴생성물의 나이를 측정하고 있다.

반면, 용암동굴의 경우에는 석회동굴과 달리 동굴의 나이를 아주 정확하게 알아낼 수 있다. 왜냐하면 용암동굴은 화산이 폭발함과 거의 동시에 만들어지기 때문이다. 따라서 용암동굴의 나이를 알기 위해서는 용암동굴을 이루고 있는 화산암의 나이를 측정하면 된다. 화산암의 나이는 여러 종류의 방사성동위원소를 이용하여 정확히 측정할 수 있다.

동굴을 통해 알 수 있는 것들

동굴탐험가와 동굴학자들은 왜 동굴을 조사하는 걸까. 동굴탐험가는 주로 미지의 세계인 동굴을 탐사하여 동굴의 지도를 그리고, 동굴이 얼마나 길고 어느 방향으로 발달해 있는지를 조사한다. 그러나 동

영월 고씨굴에서 자란 석순의 나이

굴학자들은 동굴을 여러 각도에서 바라보고 학술적 연구의 대상으로 삼는다. 동굴은 자연의 일부로서 오랜 세월에 걸쳐 형성되었기 때문에 지질학자들은 동굴을 통해 여러 광물의 성인과 특징, 동굴생성물이 형성되는 과정, 지하수와 지형등을 연구한다. 뿐만 아니라 동굴 속에서 발견되는 인류의 흔적은 고고학의 연구 대상이 되기도 한다.

우선 전 세계의 여러 동굴 속에는 이러한 후기 구석기시대(기원전 3만 5천~1만 년)의 다양한 예술작품들이 많이 발견된다. 이 시기에는 사용하고자 하는 목적에 따라 돌을 이용하여 여러 종류의 석기가 만들어졌을 뿐 아니라 동물의 뼈나 뿔, 이빨 등을 이용한 다양한 연장도 만들어졌다. 또, 프랑스 남서부와 스페인 북서부에서는 아주 다양한 형태의 벽화와 연장을 가지고 돌에 흠을 내서 그림을 그린 양각, 그리고 장신구로 몸에 지니고 다녔으리라 생각되는 다양한 예술품들이 발견되고 있다. 벽화에는 아주 다양한 동물들과 사냥 모습 등이 그려져 있는데, 그려진 동물 중에는 현재 동굴 근처에 살고 있지 않는 것도 있어 귀중한 학술자료가 되기도 한다. 벽화가 중요한 또 다른 이유는 벽화의 그림을 통해 그림이 그려질 당시의 기후도 짐작할 수 있기 때문이다. 동굴 속에서 발견되는 이런 벽화와 연장들을 통해 우리는 과거 인류의 조상들이 살아온 생활모습을 추측할 수 있다.

우리 나라에서는 아직 동굴벽화가 발견되지 않았다. 하지만 구석기 유적은 지금까지 남한과 북한에서 모두 약 60여 곳이 발굴되었으며, 대부분 대동강 유역과 남한강, 금강 등을 중심으로 분포하고 있다. 석회동굴에서는 주로 많은 짐승뼈와 석기가 발견되어

동굴탐험 6 동굴 속에서 발견되는 생물의 흔적

동굴 속에서는 오래 전에 살던 동물들의 뼈가 곧잘 발견된다. 동굴의 입구가 수직으로 발달한 경우에는 동굴 주변의 동물들이 우연히 빠져서 죽었을 수도 있고, 원시인들이 동굴 속에서 살면서 동물을 잡아먹고 버렸을 수도 있다.

호주의 나라코트동굴에서는 수많은 동물의 뼈 화석이 발견되었는데, 재미있는 사실은 발굴된 동물의 뼈가 지금 동굴 주변에 살고 있는 동물들과는 많은 차이를 보인다는 점이다. 이런 증거들은 학술적으로 매우 귀중한 자료가 되기 때문에 이 동굴은 유네스코의 세계자연유산으로 지정되었다.

동물뼈 화석(사진 앤 · 피터보스테드)

이들의 생활상을 짐작케 한다. 한편, 1976년에서 1993년까지 충북대학교 박물관 조사단은 두루봉 지역의 석회동굴에서 코끼리, 원숭이, 코뿔이 등의 짐승뼈를 발견하였는데, 이들은 현재 우리나라에 살지 않는 생물이므로 과거의 기후가 많이 달랐음을 알 수 있다. 또 이 두루봉 지역의 흥수굴에서는 어린아이의 뼈가 원형 그대로 발견되었는데, 이 뼈는 약 4만 년 전 것으로 추정되며 우리 나라는 물론 아시아에서 발견된 가장 완전한 사람의 뼈로 밝혀졌다. 이곳에서는 원시인들이 아이의 시신 주위에 국화꽃을 뿌려놓았다는 것도 밝혀졌는데, 지금 우리가 장례식장에서 국화꽃을 흔히 볼 수 있는 것을 생각하면 참으로 묘한 우연이 아닐 수 없으며, 당시 사람들의 장례 풍습도 엿볼 수 있다.

한편, 최근 심해지는 기상이변과, 석유나 석탄을 에너지원으로 이용하면서 대기 중 증가하는 이산화탄소로 인해 앞으로 지구의 인류에게 어떤 위협으로 다가올지 예측하기 힘든 상황에 이르렀다. 그래서 많은 지질학자와 해양학자들은 미래의 지구환경을 예측하기 위해 오랜 옛날부터 지구환경이 어떻게 달라져 왔는지를 조사하고 있다. 이를 위해 동굴에서 성장한 동굴생성물의 정확한 연대를 측정하고, 첨단 기기를 이용한 화학분석을 통해 동굴생성물이 성장하는 동안의 동굴 내부와 외부의 환경 변화, 즉 기후의 변화를 분석한다. 동굴생성물을 이용하면 수만 년에서 수십만 년 동안 지구의 환경이 어떻게 변화해 왔는지를 알 수 있기 때문이다.

또한 동굴을 대상으로 한 연구 가운데 동굴생물에 관한 연구는 질병이나 난치병을 치료하는 데 큰 도움이 되리라 기대된다. 세계 여러 선진국에서는 일찍부터 생물의 종다양성(Biodiversity)에 관

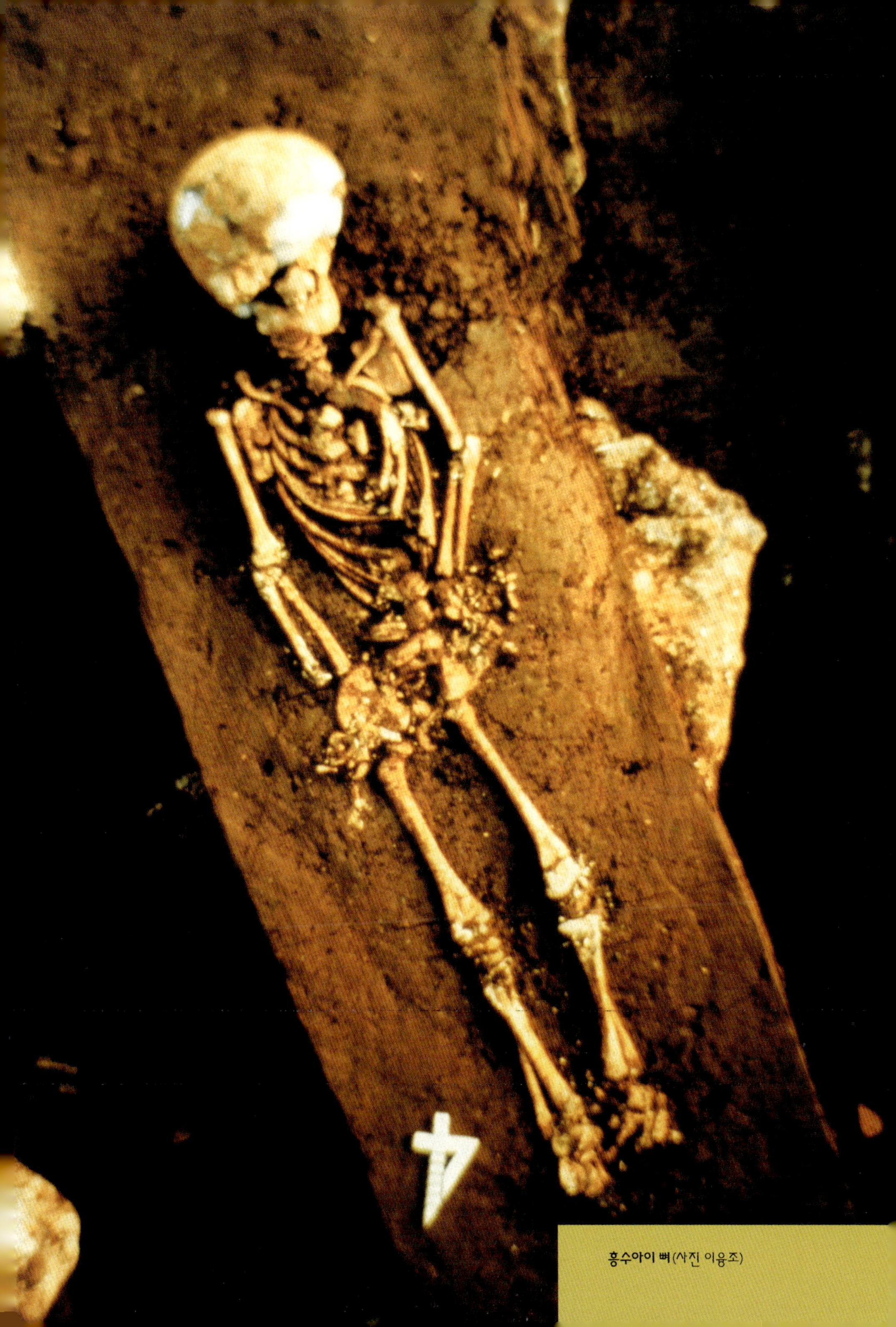

홍수아이 뼈(사진 이용조)

한 연구와, 생물의 표본을 수집하는 데 많은 노력을 기울여 왔다. 결국은 누가 언제 어떻게 새로운 종(種)이나 유전자를 발견할 수 있느냐가 연구의 관건인 것이다. 이러한 점에서 동굴생물에 대한 연구는 생물학적으로나 의학적으로 매우 중요한 위치에 있는 것이다.

최근에 만난 적이 있는 호주의 한 동굴생물학자는 필자에게 이런 말을 했다.

"동굴이란 곳은 생물학을 연구하기에 참으로 어려운 지역입니다. 분명히 거리가 몇 킬로미터밖에 떨어지지 않은 두 동굴에서 발견되는 동물의 종류는 다를 수 있습니다. 전 세계에서도 동굴생

호주의 수중 석회동굴에서 발견된 박테리아. 탄산칼슘 성분의 광물을 만드는 특이한 미생물이다. (사진 피터 로저스)

물을 연구하고 있는 학자는 그리 많지 않으며, 앞으로 우리가 연구해야 할 어마어마한 자료들은 동굴 속에 살고 있어요."

우리 나라 자연동굴의 현실

자연동굴은 수십만 년에서 수백만 년의 오랜 기간에 걸쳐 형성된 것이다. 동굴에서 자라는 동굴생성물 역시 동굴과 함께 오랜 세월에 걸쳐 만들어졌기 때문에 한 번 파괴되면 영원히 복구될 수 없으며, 훼손된 동굴은 그 생명력과 학술적 가치 모두를 잃게 된다. 우리 나라에는 천 개가 넘는 자연동굴이 있는 것으로 알려져 있지만 지금껏 조사된 동굴의 수는 수백 개 정도에 불과하다. 수많은 자연동굴을 탐사하면서 정말 많은 동굴이 인근 주민들의 호기심, 또는 전문적인 도굴꾼에 의해 처참히 파괴된 모습을 쉽게 볼 수 있었다. 또 어떤 기념품점에 가면 동굴생성물이 버젓이 전시되어 팔리는 것을 볼 수 있다. 언론을 통해 이러한 사실이 여러 번 알려졌지만 지금도 국내의 자연동굴은 계속 훼손되고 있다.

1990년대 초 강원대학교 동굴연구회 학생들이 정선에서 탐사 도중 한 폐광의 갱도에서 새로운 동굴을 발견했다고 알려왔다. 호기심이 발동하여 학생들과 함께 간 곳은 곡석굴이었는데, 곡석굴은 그리 크지 않은 동굴이었고 대부분 기어가거나 웅크리고 가는 곳이 많았다. 학생들이 얘기한 대로 곡석굴에는 그야말로 동굴 천지에 곡석이 자라고 있었다.

그런데 한 지점에 이르자 필자는 눈을 의심하지 않을 수 없었다. 그곳에는 바닥으로부터 약 30센티미터나 자라서 올라온 곡석이 있는 것이 아닌가. 그렇게 길게 자란 곡석을 본 것은 그 때가 처음이었기 때문에, 넋을 잃고 그 곡석 앞에 쪼그리고 앉아서 오랫동안 감상하고 있었다. 그 때 우리와 함께 탐사를 갔던 한 분이 내게 그 곡석을 채취하여 실험실에서 연구를 해 보라고 제안하였다. 우리가 가져가지 않으면 누군가 떼어 갈 텐데 차라리 학교에서 보관하는 것이 더 좋지 않겠느냐는 것이었다. 한참 고민한 끝에 도저히 떼어 갈 수 없어 그냥 두고 나오고 말았는데, 몇 년 후 나는 학생들로부터 누군가 그 곡석을 떼어 갔다는 말을 듣고는, 허탈해지고 말았다.

2001년 가을 영월군의 부탁으로, 영월에 있는 64개 석회동굴을 조사한 적이 있다. 이 가운데 필자와 몇 명의 대원들은 삼옥굴이라는 동굴을 조사하였는데, 이 동굴의 입구까지 가려면 상당히 험한 산길을 지나서 절벽을 내려가야 한다. 우리는 동굴 입구에 도착하여 영월군에서 준 열쇠로 자물쇠를 열려고 하였으나 어찌

된 일인지 열쇠가 도대체 맞지 않았다. 하는 수 없이 억지로 문을 열고 동굴 속으로 들어가기는 갔는데, 이 동굴은 다른 동굴보다 탐사하기가 훨씬 힘든 동굴이었다. 낑낑거리며 대원들을 따라가고 있는데, 한 대원이 몇 달 전에 이 동굴을 조사할 때와 좀 다른 분위기가 느껴진다고 하였다. 일부 동굴생성물이 많이 부서져 있다는 것이었다. 우리는 설마 하며 동굴의 더 깊은 곳으로 들어갔다. 수백 미터 정도 들어가 보니 동굴 바닥에 소주병이 있는 것이 아닌가. 아직 한 병은 따지도 않았으며 다른 한 병은 반쯤 남아 있었다. 맨정신으로도 들어오기 힘든 동굴을 술을 먹고 들어왔으니 참으로 대단하다는 생각이 들었다. 주변의 동굴생성물들은 처참하게 훼손되어 있었으며, 부서진 형태로 보아 도굴꾼들이 들어온

도굴꾼에게 잘려나간 종유석의 모습

것은 불과 며칠 전으로 보였다. 필자는 혹시나 하는 마음에 소주 병을 영월군청에 가져다 주었지만, 불행히도 이 도굴꾼들은 전문적인 동굴탐사가들처럼 장갑을 끼고 들어왔던 것이다. 이러한 현실 앞에서 국내의 자연동굴을 보호하기는 참 어렵겠다는 생각이 들었다. 수많은 동굴의 입구에서 일일이 동굴을 지킬 수도 없거니와, 동굴의 입구를 잘 막는다 해도 도굴꾼들이 자물쇠를 부수고 들어가는 데는 속수무책이다. 도굴꾼들은 나중에 다시 들어오기 위해 버젓이 자기들이 준비한 자물쇠를 채워놓을 정도이니 도대체 대책이 서질 않는다.

국내에 있는 자연동굴을 보호할 수 있는 방법 중의 하나는, 동굴보호에 관한 특별법을 제정하고 동굴을 훼손하는 사람들을 신

동굴생성물 위에 쓰인 낙서들

고하게 하는 것이다. 하지만 무엇보다도 효과적인 방법은 우리 모두가 자연동굴의 소중함을 깨닫고 동굴을 보호하는 마음을 가져야 한다. 그러기 위해서는 많은 사람들에게 동굴이라는 환경이 우리에게 얼마나 소중한 재산인가를 알게 해야 한다. 동굴을 개방하고 있는 관련기관에서는 동굴을 관람하는 사람들이 동굴에 대해서 배우고 보호할 수 있도록 하루속히 개방 동굴 옆에 동굴전시관과 같은 교육시설을 마련해야 할 것이다.

동굴관리의 현황

동굴을 일반인이 관람할 수 있도록 개발하면 동굴 안에는 전기시설과 조명, 그리고 관람객이 편하게 다닐 수 있는 여러 시설물을 설치해야 하는데, 이러한 시설들은 동굴 속에서 자라는 동굴생성물과 여러 동물들이 살아가는 데 나쁜 영향을 줄 수 있다. 또 관람객이 동굴을 많이 드나들수록 체온 때문에 동굴 내부의 온도가 올라가고 습도는 내려가며 이산화탄소의 양은 많아지게 된다. 이러한 동굴 대기의 변화는 역시 동굴생성물의 성장에 많은 영향을 미친다.

외국에서는 동굴을 관광지로 개발하기 전에 그 동굴에 대해 철저한 학술조사를 실시한다. 동굴이 개발된 후에도 동굴이 원래 가지고 있던 환경을 그대로 유지하기 위해서이다.

선진국 사람들이 동굴을 일반인에게 개방하는 목적은 우리와는 많은 차이가 있는 것 같다. 우리 나라처럼 표를 산 입장객들이 한꺼번에 동굴 안으로 들어가고, 또 자유롭게 다닐 수 있는 동굴은 외국에서는 거의 보기 힘들다. 대부분의 동굴에서는 시간을 정

개방 동굴에 설치된 조명 아래서 생긴 녹색오염

해서 관람객을 받고 있으며, 동굴에 들어갈 수 있는 관람객의 수를 제한한다. 특히 같은 시간에 동굴을 관람하는 사람의 수를 제한하여 일정한 수의 사람만이 들어갈 수 있게 한다. 무엇보다 중요한 것은 안내자가 관람객을 인솔하고 다닌다는 점이다. 안내자가 인솔하면 두 가지의 효과가 있다. 우선 인솔자가 관람객들에게 보여주고 싶은 부분에서만 조명을 켜고, 나머지 구간에서는 조명을 꺼 두기 때문에 동굴 안에 생기기 쉬운 녹색오염이나 흑색오염을 예방할 수 있다.

또 하나는 관람객에게 동굴 안의 여러 자연현상을 재미있게 설명하기 때문에 관람객들이 동굴에 대해 많은 것을 배우며 관람할 수 있다. 안내인의 수준에 따라 설명하는 내용이 조금씩 차이가

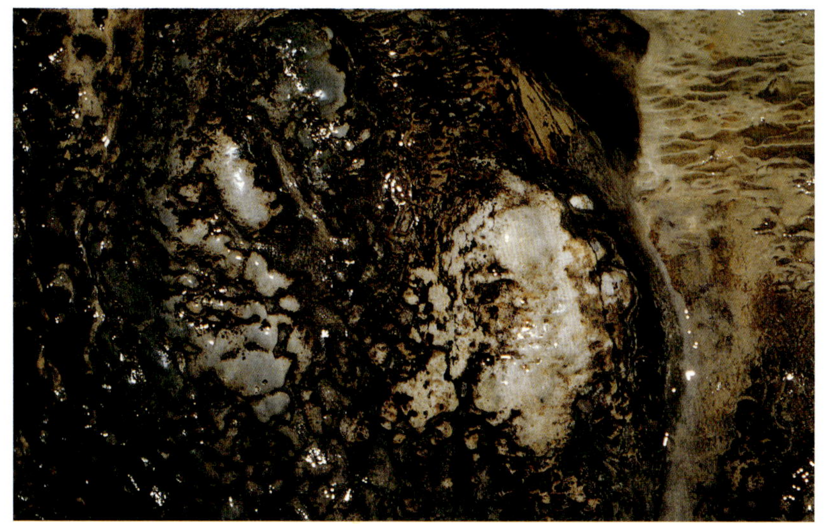

관람객이 만져서 색깔이 검게 변한 흑색오염

나기는 하지만, 대부분의 경우 동굴의 형성과정, 동굴생성물이 자라는 이유, 동굴생성물의 종류, 그 동굴탐험과 개발의 경위, 동굴 속에 사는 생물 등 흥미로운 내용들을 설명해 준다. 무엇보다도 중요한 것은 자연동굴이 자연의 중요한 한 부분이며, 왜 우리가 동굴을 잘 지키고 보존해야 하는지 관람객들이 충분히 이해할 수 있도록 설명해 준다는 사실이다.

다시 말해 외국에서는 동굴을 개발하는 목적이 관람객에게 동굴환경의 소중함을 느끼고 잘 보존해야 한다는 필요성을 심어주는 '교육'이 중요한 부분을 차지한다. 외국의 많은 학자들 역시 동굴을 개발하여 일반인에게 개방하는 것은 사람들에게 아름다운 동굴을 보여주기 위한 것도 있지만, 그보다도 훨씬 더 중요한 이유는 개방된 동굴 외의 다른 수많은 동굴도 보호할 수 있도록 교육하는 것이라고 강조한다.

이에 비해서 우리 나라의 개방 동굴의 상황은 그리 좋지 않다. 동굴을 관리하고 있는 개인이나 기업은 물론이고 심지어는 대부분의 지방자치단체에서도 오로지 소득을 올리는 데 온 힘을 쏟고 있다. 이러다 보니 오늘은 얼마를 벌었고 일 년에 우리 동굴은 관람객의 수가 몇 명인지 등이 유일한 관심사이다. 따라서 가능하면 관람객의 늘릴 수 있는 방법만을 고민하고, 시설물이나 조명의 관리 등 동굴환경을 잘 유지할 수 있는 방법에 대해서는 관심이 없어 보인다. 관람객의 수가 많아지면 그만큼 수입은 늘겠지만 동굴 속의 환경이 더 빨리 훼손되어 복구하기가 어렵게 된다는 사실을 인식할 수 있었으면 한다.

이제는 우리도 어떻게 하면 이미 개방된 동굴을 잘 보호하면서도 오랫동안 동굴을 통해 소득을 올릴 수 있는지 깊이 생각해 보아야 한다. 지금 동굴을 소홀히 관리하면 언젠가 많은 동굴들이 문을 닫고, 훼손된 동굴이 복구되는 날만을 기다려야 할 때가 올 것이다. 그것은 분명히 우리가 상상할 수 없을 정도의 오랜 기간이 될 것이 확실하다.

동굴탐사

(1) 탐사시 준비물

세계 여러 나라의 많은 학자와 탐사가들은 지금도 곳곳의 동굴을 탐사하고 있다. 동굴을 탐사하는 목적은 여러 가지겠지만 가장 기본적인 것은, 잘 알려지지 않은 자연동굴을 조사하여 동굴지도를 작성하고 동굴의 전체 규모와 발달 방향, 그리고 동굴이 만들어진 과정을 조사하는 것이다.

동굴탐사를 가기 전에는 반드시 준비해야 할 것들이 있다. 우선 동굴 속은 어둡기 때문에 조명기구가 반드시 있어야 하고, 머리를 보호하기 위해 항상 헬멧을 착용해야 한다. 보통 동굴 안의 지형은 위험하므로 두 손을 자유롭게 하는 것이 좋다. 따라서 보통 랜턴을 헬멧에 부착하여 시야를 비춘다. 헤드랜턴 외에 반드시 두 개의 비상용 랜턴을 준비해야 하는데, 빛이 없는 동굴에서 랜턴은 조사자의 생명과 다름없기 때문이다. 또한 충분한 양의 건전지와 전구, 그리고 카바이드(carbide) 램프를 항상 준비하고 있어야 한다. 만일의 사태에 대비하여 랜턴을 수리할 수 있는 장비도 지니고 있는 것이 좋다.

만약 동굴 속에서 길을 잃거나 오랫동안 동굴에 있으면 체온이 떨어질 수 있으므로, 특수재질로 만들어진 비상용 담요를 헬멧에 넣어 가지고 다니는 것이 좋다.

이미 조사가 된 동굴을 탐사할 때는 동굴지도를 구하여 가지고 다니면서 자기 위치를 수시로 확인하여야 한다. 이를 위해 나침반을 준비하여 가는 방향을 자주 확인해 둔다. 자기의 위치를 모르는 상태에서 혼자 남게 되면 자기 위치를 알릴 수 있는 호루라기 등을 준비한다. 오랜 시간 조난당할 경우를 대비하여 비상식량과 물도 준비해 가도록 한다. 이런 준비물들은 모든 탐사자들이 각자의 가방에 넣어서 가지고 다니는 것이 좋다.

한편 전문가들은 동굴탐사를 위해 제작된 동굴복을 착용한다.

동굴복은 보통 튼튼한 나일론으로 되어 있으며 바깥에 주머니가 없는 것이 특징이다. 동굴에는 매우 좁은 통로가 많아서 기어갈 때 주머니가 걸리면 안 되기 때문이다. 탐사자는 자기 몸을 보호하기 위해 무릎보호대나 팔꿈치보호대를 준비하는 것이 좋다.

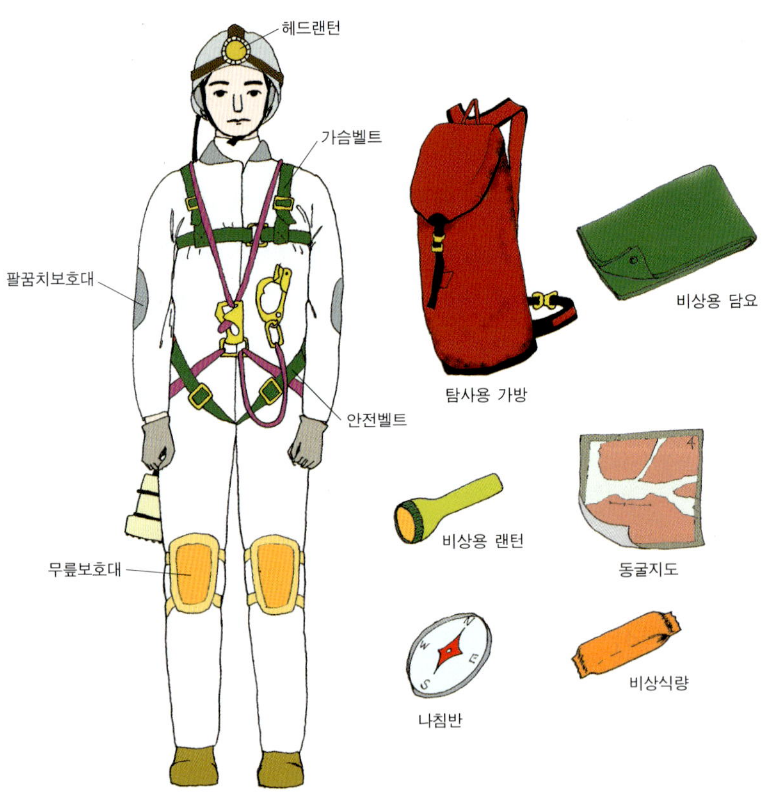

(2) 동굴탐사시 안전수칙

동굴탐사를 할 때는 탐사자의 안전과 동굴보호를 위해 다음과 같은 수칙을 지켜야 한다.

1. 절대로 혼자서 동굴탐사를 하지 않으며 항상 다른 사람과 동행하라.
2. 동굴 내에서 다른 사람들이 당신이 어디 있는지를 반드시 알게 하라.
3. 동굴장비를 항상 완벽하게 준비하고 동굴을 탐사하라. 헬멧을 착용하고 최소한 세 종류의 랜턴과 동굴탐사에 적합한 신발, 튼튼한 옷, 비상식량, 물 등을 준비한다.
4. 일부 동굴은 비가 오면 동굴이 물에 잠기거나 넘치므로, 동굴의 특성을 잘 파악하여 비가 오면 탐사를 중지하라.
5. 수직으로 올라가거나 내려가는 기술을 충분히 배운 뒤에 탐사하라.
6. 항상 자기 자신은 물론이고 같이 가는 일행의 수준에 맞게 탐사하라.
7. 동굴 안을 어떻게 조사할 것인지 구체적으로 계획을 세우고, 계획대로 탐사하라.
8. 동굴 내에서는 몸에 흙을 묻히거나 물에 젖는 것을 두려워하지 말라.
9. 돌아갈 때를 대비하여 가끔 뒤를 보고 뒤의 경관을 눈에 익혀 둬라. 동굴 속을 다니다 보면 실제로 지도에서 보이는 거리보다 더 멀게 느껴지므로 이를 주의해야 한다.

10. 동굴 속에서 항상 지도를 보며 자신의 위치를 확인하고,
    나침반으로 가는 방향을 알도록 하라.

11. 만일 탐사하다가 혼자만 떨어져 있게 되면 당황하지 말고
    자신이 표시를 한 지점까지 돌아가도록 노력하라. 그것이
    여의치 않으면 그 자리에서 다른 사람들이 올 때까지 기
    다리는 것이 좋다.

12. 탐사 도중에 랜턴이 어두워지면 바로 교체하라. 특히 동
    굴 내에는 위험한 구간이 많으므로 위험한 구간에서 건전
    지가 떨어져서 바꾸지 않도록 주의한다.

13. 동굴을 수직으로 탐사할 때, 장비의 종류와 주변의 환경
    에 따라 장비에 흙이 들어가서 작동하지 않을 수 있으므
    로, 여분의 장비를 항상 가지고 다니는 것이 좋다.

(3) 동굴보존을 위한 유의사항

동굴 내에는 부서지기 쉬운 동굴생성물이 많으므로 항상 조심해
야 한다. 특히 여러 명이 같이 다닐 경우에는 앞사람이 가는 길만
따라서 가도록 한다. 항상 천천히 움직이며 절대로 뛰지 않도록
한다. 또한 동굴생물은 침입자에 매우 민감하고 연약하므로, 생물
을 건드리거나 다치게 하지 않도록 주의한다. 동굴의 벽면에는 절
대로 아무 것도 쓰지 않도록 한다.

외국의 동굴탐사자는 동굴을 조사할 때 다음과 같은 일반수칙
을 항상 염두에 두고 조사한다고 한다.

동굴을 탐사하는 모습

발자국 외에는 아무 것도 남기지 마라.
(Leave nothing but footprints.)

동굴에서 찍은 사진 외에는 아무 것도 가지지 마라.
(Take nothing but pictures.)

동굴 내에서 죽일 것은 시간밖에 없다.
(Kill nothing but time.)

동굴을 사랑하려면

백 년도 채 안 되는 인간의 수명에 비해 자연동굴은 수십만 년에서 수백만 년에 걸쳐 만들어진 소중한 자연의 한 부분이다. 또한 동굴에서 자라는 동굴생성물들은 지구환경의 변화에 관한 정보를 그대로 간직하고 있으며, 동굴생물들 역시 우리에게 귀중한 자료를 제공할 수 있는 무한한 가능성을 가지고 있다.

하지만 우리 대부분은 이렇게 오랜 세월에 걸쳐 만들어진 동굴과 동굴 속에 살고 있는 생명체들의 귀중함을 잘 모르는 것 같다. 아직도 많은 지역에서 주민들은 호기심으로, 일부 몰상식한 도굴꾼들은 단지 돈 몇 푼을 벌기 위해 동굴생성물들을 마구잡이로 부수고 있는 것이 현실이다. 필자는 여러 동굴을 조사하며 벽면의 낙서와 훼손된 동굴생성물, 버려진 쓰레기를 보며 우리가 아직 동굴을 보존하려는 마음의 준비가 되지 않았다는 생각이 들었다. 우리가 동굴을 보호할 수 있는 유일한 길은 우리 자신이 지금이라도 동굴을 사랑하고 보호하려는 마음을 가지는 것이다.

언젠가 외국의 어느 동굴전시관을 구경하던 생각이 난다. 그 전시관은 동굴에 대해 자세히 안내하고 있어서 자료를 수집하려고 열심히 사진을 찍고 있었다. 마지막으로 전시된 것을 보고 나오려는데, 한 팻말이 눈길을 끌었다. 그 팻말에는, "과연 동굴을 보호할 수 있는 것은 누구일까요?"라는 질문이 있었고, 질문의 밑에는 "대답을 보고 싶으면 이 문을 여세요."라고 쓰여 있었다. 이 질문은 작은 나무판에 쓰여 있었으며 그 나무판의 밑에는 손잡이가 달려 있었다. 호기심에 작은 손잡이를 조심스럽게 열어 보니, 나무판의 밑에는 거울이 있었고 그 거울 속에는 호기심에 가득 찬 필자의 얼굴만이 보일 뿐이었다. 순간 가슴이 벅차 오르는 듯한 감동을 느끼며 이들이 내게 무엇을 말하려고 하는지에 감탄할 수 밖에 없었다.

동굴 기네스 6

세계에서 가장 아름다운 동굴

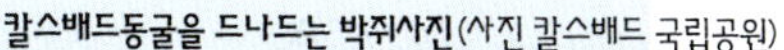

미국 뉴멕시코 주에 있는 칼스배드동굴은 세계에서 가장 아름다운 동굴이며, 이곳에는 하루에도 수백만 마리의 박쥐가 출입하고 있다. 이 동굴은 저녁마다 동굴에서 나오는 박쥐의 모습으로 장관을 이룬다.

칼스배드동굴을 드나드는 박쥐사진(사진 칼스배드 국립공원)

찾아보기

사진으로 보는 세계의 동굴 우경식 지음 | 국배판 변형 | 64쪽 | 전면컬러